崛起的超级智能

刘锋_著

互联网大脑
如何影响科技未来

中信出版集团 | 北京

图书在版编目（CIP）数据

崛起的超级智能：互联网大脑如何影响科技未来 /
刘锋著 . -- 北京：中信出版社，2019.7
ISBN 978-7-5217-0543-0

Ⅰ . ①崛… Ⅱ . ①刘… Ⅲ . ①互联网络—研究 Ⅳ .
① TP393.4

中国版本图书馆 CIP 数据核字（2019）第 086214 号

崛起的超级智能：互联网大脑如何影响科技未来

著　　者：刘锋
出版发行：中信出版集团股份有限公司
　　　　　（北京市朝阳区惠新东街甲 4 号富盛大厦 2 座　邮编　100029）
承 印 者：北京诚信伟业印刷有限公司

开　　本：787mm×1092mm　1/16　　印　张：19.5　　字　数：185 千字
版　　次：2019 年 7 月第 1 版　　　　印　次：2019 年 7 月第 1 次印刷
广告经营许可证：京朝工商广字第 8087 号
书　　号：ISBN 978-7-5217-0543-0
定　　价：65.00 元

　　初次接触刘锋及其提出的互联网大脑是在 2008 年。刘锋对以往相关技术领域的抽象提炼，以及在宏观上对未来趋势的预测，给我以深刻印象。看了刘锋的这部书稿方知，刘锋关于互联网大脑的灵感第一次出现在 2005 年。2008 年，刘锋发表第一篇论文，其研究取得初步成果，三年后，刘锋的儿子呱呱坠地，其研究也不断取得新进展。

　　十年来，刘锋的研究与相关技术的发展同步，由于其创建的互联网大脑框架，刘锋在全景视野中可以关注许多技术细节，又以技术细节完善充实全景视野。一步一个脚印地，刘锋关注互联网大脑的进化，既关注这一过程，也关注隐含的进化线索。十年间，外在的互联网、人工智能（AI）等相关技术的发展，与刘锋自身关于互联网大脑的思考，逐渐接近，日益吻合。

　　在两者日益吻合之际，刘锋顺理成章地对未来进行预测，特别提出"10 条规则：互联网大脑如何影响科技企业的命运"。理论的先进性不仅在于总结以往，而且在于预测未来。某一理论的预测功能结束之时，就是该理论的生命停止之时。10 条规则显示了互联网大脑强大的预测功能。

　　值得一提的是，刘锋不仅在外部审视技术的发展，还带领团队参与其中，以学术成果推进互联网大脑的进化，以相关的学术活动验证自己的设想。其中的一项重要成果，就是测试互联网大脑、城市大脑等的智商。由此提出的各项指标，对相关领域的研究不乏启迪意义。比如，AI 价值智商对于科技型企业的价值，或许不亚于"10 条规则"。

回顾 2005 年灵光乍现的"分岔"和十多年的历程，看得出刘锋对类比方法深有体会。类比方法在科学史上应用的典型案例，当数卢瑟福（Rutherford）因与太阳系类比而提出原子模型。类比，无疑是科研中行之有效的方法之一，是由已知通往未知的桥梁。

关于认识过程，马克思提出著名的"两条道路"①："在第一条道路上，完整的表象蒸发为抽象的规定；在第二条道路上，抽象的规定在思维行程中导致具体的再现。"

在科研中，第一条道路上的方法是抽象、分析、比较、分类和归纳等；第二条道路上的方法主要是综合与演绎。两条道路转折点上的方法是类比、模型、直觉、顿悟和假说，类比位于两条道路的转折点上。经类比，卢瑟福由已知的太阳系打开了未知的原子结构的大门。卢瑟福总结了已有的实验资料，排除了错误的葡萄干面包模型，指明了下一步探索的方向。

就类比方法而言，刘锋提出的互联网大脑与行星式原子模型有异曲同工之妙。互联网大脑总结了往日的相关成果，使林林总总的线索变得清晰，这是第一条道路；为未来的发展提出可能的方向，把"看不见的手"变为看得见的路，使互联网和人工智能等领域的发展由自发到自觉，这是第二条道路。

除了方法论上的相似外，互联网大脑与行星式原子模型都注重存

---

① 马克思，恩格斯．马克思恩格斯选集：第 2 卷［M］．北京，人民出版社，1995.

在，注重本体论，本体是研究的基础和出发点。类比属于认识论和方法论范畴，刘锋的互联网大脑研究的核心是技术哲学。正是有了坚实的本体论"地基"，刘锋及其团队才得以"开疆拓土"，扩展到产业哲学、伦理学和价值论领域，比如下文论及的石勇教授的灼见。

两个类比有两点不同之处。

其一，互联网大脑的实践性。行星式原子模型旨在认识已经存在的自然界，揭示自然界的未知之谜，为人类的知识宝库添砖加瓦；互联网大脑旨在认识人类的实践过程，两者的认识对象不同。不仅如此，互联网大脑本身具有实践性。如石勇教授提出，"如果互联网正在形成与大脑高度相似的复杂巨系统，那么如何评判这个'大脑'的智能发展水平，也就是互联网大脑的智商，将是个有意义的研究方向"，这就是对本体论的扩展。刘锋的团队沿此思路取得了丰硕成果。

其二，由太阳系到行星式原子模型的类比是单向的，后者并未反过来影响人类对太阳系的认识。然而，互联网与大脑功能结构互为镜像，我们可以经由逆仿生学，反过来认识大脑的功能结构。刘锋进而提出"互联网神经学"这一新的学科，将对大脑的科学认识与互联网大脑的技术实践，即"知"与"行"更紧密地结合起来。

书中还涉及该领域前沿科技的若干重大关系。

其一，互联网大脑与人工智能的关系。

一部自然史存在以下一组组关系：宇宙起源和基本粒子生成，恒星演变与各种核素生成，地球（太阳系）演变与生命起源。地球（太阳系）是化学进化、生命起源和生物进化的温床和摇篮；反之，化学进化、生命起源和生物进化又在地球上留下了自己的印记，进而改变了地球，典型事例就是地球由还原性大气转变为氧化性大气。

上述各个环节中，前者类似于舞台，后者则类似于舞台上的演员。舞台与演员，在相互作用中协同演变。

随着自然界的演化，在演员与舞台的关系上，演员的地位与作用愈加凸显，具有越来越强的能动性；与此同时，演员与舞台彼此逐渐融合，不可分割。

历经跌宕起伏，人工智能强势回归。哪里是人工智能的舞台或用武之地呢？

就人工智能与互联网的关系而言，一方面，"在人工智能与互联网大规模结合之前，互联网大脑还处于半休眠和肢体局部瘫痪的状态，人工智能激活了互联网大脑的各个节点和各神经系统，使得互联网大脑作为一个完整的神经系统开始运转起来"。另一方面，互联网赋予人工智能以用武之地，或许更确切地说，互联网赋予人工智能的舞台以特定的形式——网络，以此协调人工智能各分支的关系：感官，如视觉、听觉、触觉的关系，由社交网络等形成的群体智能，反射弧所连接的决策与行动，特别是左右脑，也就是人机之间的关系，以及上述所有关系的关系。

其二，互联网大脑与区块链的关系。

在更大层面上的问题是，中心化还是去中心化？

回顾互联网的"初心"，阿帕网（ARPAnet）的意图是，"设计一个分散的指挥系统"，这些分散的指挥系统彼此间平权。"所有计算机生来都是平等的，"此言令人想到人生而平等。

人脑拥有中枢神经系统，同样在互联网的发展过程中，云计算及其集中化趋势也验证了这一点。书中提到区块链则"对应一种（在进化史上）古老的神经系统试图反抗互联网的神经中枢化趋势"，"区块链也只能作为互联网云计算架构的一种补充而无法成为主流"。

"互联网形成了两大类型的应用架构，中心化的 B/S 架构和无中心的 P2P（对等网络）架构。"在技术上，分散，每一个点都要存储和计算海量的数据，需要付出能耗，自行升级，实际上这难以做到；

集中，则有信息传输时滞和失真等问题。中心化还伴随着权力的集中和隐私被侵犯。

刘锋认为，对于"中心"这样"同时具有运动员和裁判员身份的问题，将来可以通过商业的方式、政治的方式逐渐解决"。

分散与集中，去中心化与中心化，发散与收敛，某种程度上还有上文述及的人工智能与互联网的关系，会是互联网大脑和超级智能未来发展中的某种张力，既是发展的动力，又将影响演化的方向。

其三，刘锋及其团队提出并测算了包括互联网大脑等在内的一系列智商，开拓了对认识与实践均有重大价值的领域。我以为，由此可以提炼出相应的规则，取代刘锋提出的 10 条规则中的某项规则，或者至少作为其中之一。

实际上，该书已经突破"智商"的本来意义，在某种程度上进入"情商"的范畴，例如 AI 价值智商中的价值。10 条规则中的"规则 7：挖掘互联网大脑的情感特征将获得超额回报"，还有沃民高科建立的沃德社会气象台等，实际上关系到人的意向性。

就人工智能界所区分的强、弱人工智能而言，书中所述大多是弱人工智能，由此最终形成统一的互联网大脑，以及超级智能，在这样的叙叙中，刘锋没有专门述及强人工智能。不过，既然实际上关系到意向性，那么也就涉及刘锋未直接提及的强人工智能。

从根本上说，无论智商还是情商，都是基于人类的水准和需求，这一点在目前阶段合理且可行，问题在于今后。刘锋认同互联网大脑所拥有的超级智能是一种"涌现"。互联网大脑的智商能一直以人类的智商和情商标准来衡量吗？

其四，也是最重要的，即互联网大脑左右脑的关系。十年来，刘锋思想的一大飞跃，是将人类的智能——群体智能引入互联网大脑。人成为互联网大脑新的重要元素，从外在到内置，从高高在上引领，到人机平等相待。

刘锋翱翔于互联网与人工智能等科技前沿，在灵光闪现之时提炼出互联网大脑模型。在互联网大脑的视野下，科技前沿令人眼花缭乱的发展有了头绪，互联网与人工智能未来的趋势也有了眉目，新的可能也将不断涌现。刘锋对互联网大脑的研究不会止步，必将伴随科技大潮继续前行。

刘锋在书中写道，"上帝"不能"创新"，因此"上帝"的 $f（C）=0$，这是非常奇特的结论。

感谢刘锋，让我先睹为快，以及受其大作的激发而写出上述文字。

是为序。

吕乃基

东南大学科技与社会研究中心主任

著名科技哲学研究专家

这本《崛起的超级智能：互联网大脑如何影响科技未来》是我的学生刘锋的力作，他是一位才华横溢、富有创造性的科学工作者。在这本书中，他阐述了互联网在过去50年发生了怎样的重大变化，并提出了互联网大脑模型。通过对互联网大脑模型发育的研究，刘锋对人工智能、大数据、云计算、物联网、边缘计算、脑科学等前沿技术以及其对人类未来社会的影响进行了深入的剖析，应该说这是一个非常有意义、具有开创性的工作。

2005年秋季，我在中国科学院研究生院讲授信息管理系统的课程，在课前，刘锋对我说他有一个新的方向，希望把科学院教授和博士们的知识变成商品在网上进行出售，希望听取我对这个方向的看法。我当时答复他，易贝（ebay）上的商品条码标注的商品是有形产品，把知识作为无形产品进行交易是一个非常好的方向。此后，刘锋根据互联网技术的演化和知识价值化的观点，提出知识交易将成为互联网的一种新商业模式，并将这种模式命名为"威客模式"，这项研究在2006年掀起了以威客互联网经济为代表的热潮。

许多互联网知识的创造者，包括后来成立猪八戒网的年轻人，都成为时代的弄潮儿，2006年11月，中央电视台对威客模式及其经济现象进行了报道，数百家网站认同并进入这一领域，2007 年 6 月威客被选为中国高考试题。

其实，刘锋的真正兴趣是研究这本书描述的互联网大脑的起因和发展，从 2007 年开始，刘锋从威客模式延伸出去，并受当时不断涌现的社交网络、物联网等新技术的启发，提出互联网可能不仅是网状结构，而是向类脑结构不断进化的复杂系统。刘锋不断和我对这个观点进行探讨，我当时的回复是，这是一个值得研究但面临巨大困难的课题，可能会产生非常多的子课题，甚至需要许多人共同参与。

在刘锋的博士开题报告中，他提及希望研究互联网大脑模型中的类神经反射现象。当时，博士开题会的专家都认为，由于互联网还处于高速发展且非常不稳定的状态，研究互联网类神经反射现象在当时几乎是一个博士无法完成的任务。

我告诉刘锋可以先找到学术突破点，博士论文应该以点带面。若能找到一个科研关键问题为切入点，那么争取获得成果，再建立一个坚实的理论基础去指导实践。我建议刘锋考虑把互联网类脑架构的智能水平作为突破方向，用衡量人脑智力程度的方式，去建立衡量互联网智商的科学方法。

在刘锋的博士论文开题会上，专家们都认同这样的研究思路，建议他通过量化评估互联网大脑模型的智力水平开展博士论文的工作，2014 年刘锋和我在莫斯科召开的第二届国际信息技术与量化管理大会上，宣读了第一篇有关互联网智商的文章，我的一位俄罗斯教授朋友告诉我，仅从这篇文章题目看就感觉它具有很高的科研价值。

后来，我们又与我的学生汪波及同事刘颖教授分别于 2015 年和 2017 年发表两篇较深入的期刊文章，将互联网智商研究进一步扩展为人工智能系统的通用智商评估研究，2017 年 10 月，美国《麻省理工科技评论》（*MIT Technology Review*）报道了我们的科研成果，称其为新的人工智能智商测试，随即全球 30 余个网站参与讨论此项科研项目，许多读者发表正面的鼓励意见。2018 年 11 月，英国著名科学作家，《宇宙简史：从宇宙诞生到人类文明》（*COSMOSAPIENS：Human Evolution from the Origin of the Universe*）的作者约翰·翰兹（John Hands），把我们的人工智能智商测试放入他正在写的新作之中。

刘锋在此书中主要描述了互联网大脑产生的背景、机理以及未来可能的发展状态和前景，当我们了解了互联网大脑，一定会把它与人脑相联系，因此我们关于互联网大脑智商的测试就成为互联网大脑的基本量化标准，在此后进一步发展出人工智能的通用智商、服务智商、价值智商等人工智能评测方法，随后大到智慧城市，小到智能手机的智商评测也将应运而生，刘锋和我正致力于这样有意义的研究工作，其中有些问题具有很高的挑战性。

总之，我真诚地希望读者通过这本书，体会到计算机、互联网给人类带来的深刻变化，并期望读者从这些新理念中获得新的启迪，丰富自己的人生，为社会和人类做出积极的贡献。

石勇

中国科学院大数据挖掘与知识管理重点实验室主任

国务院参事　第三世界科学院院士

在过去的 20 年中，互联网企业潮起潮落，从国内的发展历史看：先有三大门户率先崛起，后有 BAT（百度、阿里巴巴、腾讯的简称）称王称霸，再有 TMD（今日头条、美团、滴滴的简称）发力追赶，又有 PKQ（拼多多、快手、趣头条的简称）"闹场"。这些明星企业的兴起，并不是杂乱无章的，而是有很强的规律性，我的学生刘锋所著的《崛起的超级智能：互联网大脑如何影响科技未来》正好能够解释这些现象。

这本书内容丰富，对读者来说，阅读该书可能是一个很烧脑的过程。其核心内容是互联网进化的若干规律，如不断增加人脑与互联网连接时间的连接规律；互联网的计算机、通信线路甚至连接的人类大脑，运算速度不断增强的加速定律；不断从分裂的商业形态走向产业整合的统一定律；进入互联网虚拟世界时不断提升身份验证水平的信用定律；互联网覆盖范围从实验室到整个地球甚至太空的膨胀定律等。正是这些进化规律，使整个互联网在进化中体现出类脑特征，包括核心的数据存储系统、左右半脑（云机器智能和云群体智能）、神经元网络以及连接的听觉系统、视觉系统、感觉系统、运动系统等。这是通过深入类比对新科学领域进行的挖掘，是一个巨大的发现。

　　我对书中的第二章《10 条规则：互联网大脑如何影响科技企业的命运》情有独钟。虽然这 10 条规则未必是完善的，但确实部分地揭示了这些科技企业的兴衰规律。

　　从过去 50 年的发展历史看，如果一家互联网企业能在互联网大脑模型中占据有利位置，那么其就能获得更强的竞争优势，而那些处于过渡阶段或不利位置的企业就更有可能被淘汰。这就是本书揭示的一条规则：是否顺应互联网大脑的发育趋势，决定科技企业的兴衰。其余的 9 条规则都是对这条规则进行的诠释。

　　需要强调的是，类比作为一种科学研究方法，其结论需要接受更为严格、充分的检验。关于类比在科学研究中的重要价值，本书在第五章进行了深入的探讨，总体来看，这本书非常值得互联网从业者认真研读。

吕本富

中国科学院大学网络经济和知识管理研究中心主任

2005 年 6 月的一个夜晚，北京的初夏还很凉爽，我独自坐在中国科学院研究生院的宿舍里，外面是灯火辉煌的研究生大楼，数千名科学院的硕士和博士正在那里学习。而我正在做一个艰难的决定：是继续研究互联网的技术与管理问题，还是开始一个未知的征程，探索人类智能、机器智能与互联网结合会产生怎样的化学反应。

当时，我并没有想到这个决定会对未来产生诸多影响。无论 1 年之后中央电视台《新闻联播》对相关成果的报道，3 年之后互联网大脑模型的发现，5 年之后验证大脑是否存在互联网特征的试验，还是 12 年之后美国 CBNC（消费者新闻与商业频道）、《麻省理工科技评论》（*MIT Technology Review*）等世界著名媒体对我们研究的关注，都因那一刻的决定而发生。

仿佛在穿越一个绚丽透明的时空隧道，仰望星空，我们看到先驱哲人们的超前预见。19 世纪，技术哲学创始人德国科学家卡普（Carp）提出人类创造的工具与器官的映射关系，这几乎为人类共同建设的互联网与大脑的映射奠定了理论基础。20 世纪中叶，传媒学创始人、美国科学家麦克卢汉（McLuhan）提出通信技术形成社会神经网络的观点。20 世纪 80 年代，英国哲学家彼得·罗素（Peter Russell）进一步提出，电子技术、传媒革命将导致地球脑的产生。20 世纪 90 年代，我国著名科学家钱学森提出开放复杂巨系统理论，他关于人机结合、以人为主的观点对互联网大脑模型的建立有着重要的指导意义。

踏着时空隧道坚实的地面前行，我们感受到数百年来科学家和企业家探索的艰辛，正是他们不懈的努力，推动了互联网的发展，使得我们有机会观察互联网是如何从网状结构向类脑结构进化。我们不应忘记莱布尼茨（Leibnitz）发明的二进制；梅乌奇（Meucci）和贝尔（Bell）发明的电话；莫奇莱（Mocky）博士和他的学生埃克特（Eckert）发明的计算机；罗伯特·卡恩（Robert Kahn）和文顿·瑟夫（Wenton Cerf）发明的 TCP/IP 协议（传输控制协议和互联网协议）；伯纳斯·李（Berners-Lee）创造的万维网；马化腾和扎克伯格（Zuckerberg）建立的社交网络；李彦宏、拉里·佩奇（Larry Page）、谢尔盖·布林（Sergey Brin）建立的搜索引擎；马云、杰夫·贝佐斯（Jeff Bezos）建立的电子商务帝国；任正非、史蒂夫·乔布斯（Steve Jobs）推动的移动互联网发展。

望着前方越来越清晰、越来越宏伟的互联网大脑架构，我们惊叹于大自然"看不见的手"的威力。50 多年来，人类从不同方向推动互联网领域的创新，并没有统一规划将互联网建造成什么结构，但有一天，当人类抬起头来观看自己的作品时，发现这个作品与自己的大脑高度相似，而且连接了数十亿人类群体智慧和数百亿设备的机器智能，共同形成一个不断发展壮大的超级智能体，这是一个非常奇特的现象。

"看不见的手"像幽灵一样盘踞在人类社会的发展过程中，在达尔文（Darwin）的自然选择中，在亚当·斯密（Adam Smith）的《国富论》（*The Wealth of Nations*）中，它时隐时现，互联网大脑的进化和超级智能的形成有可能把这只"看不见的手"逼到科学的解剖刀下。如何解剖它，需要未来更多探索者思考和实践，我相信这个秘密的解开将会给人类带来重大而深远的影响。

在科学探索中，有两种重要的促进力量：第一种是鼓励和认同，会帮助研究者增强对探索方向的信心和勇气；第二种是反对和批判，会帮助研究者获知探索路上的障碍和陷阱。

10 年来，我要特别感谢中国科学院大学的石勇教授和吕本富教授，作为导师，他们给予我非常重要的指引和支持；感谢科学院的顾基发教授、王飞跃教授、彭赓教授、刘颖教授，东南大学的吕乃基教授，工信部中欧工业 4.0 研究院郭昕院长，得到 App 创始人罗振宇，财讯传媒集团（SEEC）首席战略官段永朝，清华大学施路平教授，中科创星米磊博士，中国科学技术信息研究所武夷山研究员，中国原子能科学研究院方锦清研究员等专家，他们给予我很多指导，正是在他们的帮助下，互联网大脑模型的研究才得以不断延伸和深入。感谢中信出版社的吴长莘编辑，在本书的编辑过程中，她提出很多重要的修改意见，让书的结构和内容变得更加严谨和通顺。

另外，互联网大脑模型也曾受到诸多批评，甚至是激烈的批判，主要批判意见是：将互联网与大脑两个巨系统进行对比是一种取类比象、先入为主的研究方式，在方法上不科学，在模型上也不应成立。这种批判是非常宝贵的，正是这种批判让我们重新审视自然科学史，进而发现 20 世纪人类最重要的结构——原子，正是使用类比的方式，才形成后来著名的太阳系原子模型和电子云模型。这些科学史上的例子，极大地增强了我们对这个领域进行探索的信心和勇气。在此，对于这些提出批判意见的专家，我们应该表达敬意和感谢。

最后，感谢我的妻子崔燕燕，在过去的十多年里，她一直默默地支持我，在我沮丧的时候，给予我鼓励，在我自满的时候，提醒我冷静，在我困惑的时候，给予我信心。也感谢我的儿子刘昊然，他是在这项研究开始后的第三年出生的，看着一个小生命的成长，让我对父母和这个世界有了更多的感恩之情，在教育他和与他的互动中，我也收获了很多研究上的灵感，这些都是上天赐予我的礼物。

|第一部分| 趋势与产业

|第三部分| 探索与未来

后记

第一部分

趋势与产业

引言 ‖ "大脑"爆发：21世纪科技的新现象与新问题

导语：21世纪以来，前沿科技如潮水般不断涌现，特别是到2018年，各种大脑系统成为科技领域的热门词汇，在这些繁杂的现象背后，已逐渐被遗忘的互联网显露出崭新的身影——一个庞大的复杂类脑巨系统"互联网大脑"。无论是云计算、物联网还是大数据，无论是工业4.0、边缘计算还是人工智能，21世纪产生的50多个前沿科技概念和技术，无一不与互联网大脑的形成和发育有关。

新科技涌现，互联网是否已死

不止一次，有人提出互联网已死。早在2007年，美国亿万富翁、达拉斯小牛队的老板马克·库班（Mark Cuban）就在自己的博客上称互联网已死。

他写道："当我提出互联网已死的观点时，很多人会感到困惑。但不论他们怎么想，互联网的确已经死了。每一次技术突破都有自己的'好时光'，也许是几天、几个月或者几年。但是，'好时光'不会永远存在，互联网的确已经变为这样的发明：成为一种实用工具，停止发展，人们现在的互联网体验同五年前没有太大区别。"

2016年6月的一次座谈会上，谷歌的执行董事长埃里克·施密特（Eric Schmidt）大胆预言：互联网即将消失，一个高度个性化、互动化的"新世界"——物联网即将诞生。施密特认为，未来将有数量巨大的IP地址、传感器、可穿戴设备，以及虽感觉不到却可与之互动的产品，时时刻刻伴随我们。"设想一下，你走入一个房间，房间会随之变化，有了你的允许和所有这些产品，你将与房间里的一切进行互动。"

事实仿佛的确如此，互联网逐渐被淡忘，经常被描述为旧时代的名词和概念。自21世纪以来，令人眼花缭乱的前沿科技新概念相继出现，从Web（网络）2.0、社交网络、物联网、移动互联网、大数据、工业4.0、工业互联网到云机器人、深度学习、边缘计算，一个有趣的现象是，每当这些科技浪潮涌现时，就会有人宣称互联网已死或已被取代，如物联网取代互联网、移动互联网取代互联网、人工智能让互联网进入历史的尘埃等。

当科技发展的列车驶入21世纪的第二个十年，一个在2 000年前就已被人类发明的词汇——大脑，突然在前沿科技领域爆发。除了在人工智能领域与脑结合形成"类脑计算"，在产业领域，2012年谷歌将自己的AI（人工智能）系统命名为谷歌大脑；2014年，科大讯飞提出讯飞超脑；2015年，百度提出百度大脑；2017年，阿里巴巴提出阿里ET大脑；2018年，滴滴提出交通大脑，浪潮提出企业大脑，360提出360安全大脑，腾讯提出腾讯超级大脑，华为提出EI智能体。除此之外，城市大脑、城市云脑、工业大脑、农业大脑、航空大脑、社会大脑等不断涌现。

面对突如其来的大脑风暴，我们想知道：互联网真的消失或死亡了吗？互联网和这些前沿科技之间究竟是什么关系？是什么原因导致大脑爆发？

互联网，从巨网向大脑的进化

我们知道，网状模型是互联网最早也最重要的模型，某种意义上，互联网可以说是美苏冷战的产物。为了防止通信系统在核战争中被彻底摧毁，1969年，美国国防部高级研究计划署开始构建阿帕网（ARPANET），将美国四个研究机构的四台计算机连接起来。互联网崛起之路就此开启。它的创造者可能也没有想到，在短短的50年中，互联网会成为对人类社会影响最为深远的技术之一。

无论是从互联网的起源还是从它的名称看，网状结构一直是互联网留给人类最突出的印象，即使在学术领域中，它的定义也是这样描述的："互联网是指由世界范围内的计算机网络互相连接在一起而构成的网际网络。"互联网的网状模型如图0.1所示。

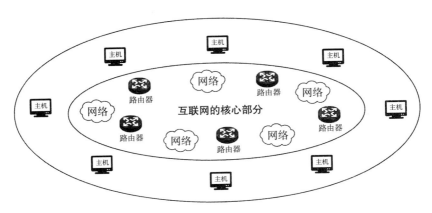

图0.1 互联网的网状模型

20 年来，世界范围内互联网的快速发展，给予我们观察互联网重大变化的机会。从竞争强度上看，中国互联网远远超过欧洲、日本等地区和国家，在某些方面甚至超过了互联网第一大国——美国。例如，1999 年，腾讯通过 QQ 开始社交网络的扩张，到 2004 年，用户量已经超过 500 万人，这一年美国脸书刚刚诞生，10 年后它们都发展成为用户量超 10 亿的互联网巨头。

除此之外，在过去 20 年中国互联网行业的一次次风口中，电子商务、移动互联网、网络游戏、团购、P2P（对等网络）信贷、网络直播、共享经济、知识付费、人工智能等领域的企业数量远远超过了美国、日本等发达国家。这些领域无一不呈现出白热化的竞争局面。

激烈的竞争和技术的快速应用，使互联网不断呈现新的状态。2004 年兴起的以腾讯和脸书为代表的社交网络，具有连接世界范围内的人、物、系统和数据的功能，将自己的触角延伸到人类社会的各个角落，成为互联网最重要的基础应用之一。如果我们把它们的结构图绘制出来，可以看出其有着非常明显的类脑神经元网络特征。2015 年 2 月，《自然》（Nature）杂志报道了英国科学家的最新成果，他们发现，脑中的神经元网络就像一个社交网络，也存在社群和好友关系。这表明，社交网络与人脑神经元网络的趋同性同时在两个方向得到体现。

早在 2009 年 IBM（美国国际商用机器公司）提出智慧地球导致物联网兴起之前，2007 年，中国的水利部门开始在长江、黄河等水域安放流速传感器，获取水流和水深变化的数据；在土壤中安放化学传感器，获取酸碱度和压力变化的数据；在空气中安放温度传感器，获取温度和湿度变化的数据。这些传感器获得的数据通过互联网通信线路传输到北京水利部的大型计算机中进行处理，形成实时的水文报告，为防汛抗旱提前做出判断和准备，这个基于互联网的传感器网络向我们展示了显著的类躯体感觉神经特征。

2007年，谷歌开始推出街景系统，在世界范围内安放摄像头和视频观察汽车，让互联网用户可以实时观看世界各地的场景和景色。不仅仅是谷歌的街景系统，早在21世纪初，互联网的视频实时监控系统已经开始大范围应用。一些旅游公司在风景区安放摄像头，让人们可以看到风景区的实时画面；一些公司提供家庭视频监控服务，把摄像头安放在家中，让用户随时可以查看家里的安全状况。谷歌街景系统等互联网实时摄像技术呈现出典型的类视觉神经特征。

在上述现象的启发下，2007年笔者团队开始意识到，在新的世纪里，互联网已经突破了网状结构。越来越多的迹象表明，互联网正在向与人类大脑高度相似的方向进化。于是，笔者团队基于人类大脑的构造，预测和描绘了互联网的未来架构，并在2018年绘制了如图0.2所示的互联网大脑模型①。

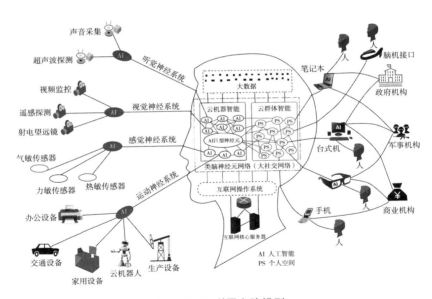

图0.2　互联网大脑模型

① 2008—2018年，共有5个版本的互联网大脑模型，图0.2展示的是第5个版本。

如果用文字描述互联网大脑模型，那么它的定义是这样的：互联网大脑是在互联网向与人类大脑高度相似的方向进化的过程中形成的类脑巨系统架构。互联网大脑具备不断成熟的类脑视觉、听觉、感觉、运动、记忆、中枢和自主神经系统。互联网大脑通过类脑神经元网络（大社交网络）将社会各要素（包括但不限于人、AI 系统、生产资料、生产工具）和自然各要素（包括但不限于河流、山脉、动物、植物、太空）连接起来，从而实现人与人、人与物、物与物的交互，互联网大脑在云群体智能和云机器智能的驱动下通过云反射弧实现对世界的认知、判断、决策、反馈和改造。

图 0.2 描绘的不是互联网在 1969 年诞生时的架构，而是互联网经过 50 年甚至 100 年的进化，未来将形成的成熟结构。相对于互联网诞生之初的网状模型，互联网大脑模型出现了几个重要的变化①。

第一个重要变化是，将人类用户以及商业机构、军事机构、政府机构等社会组织作为重要元素加入互联网大脑模型中。

第二个重要变化是，将音频传感器、视频监控、温度传感器、压力传感器、机器人、交通设备、生产设备等元素加入互联网大脑模型中，形成互联网的听觉神经系统、视觉神经系统、躯体感觉神经系统和运动神经系统。

第三个重要变化是，突出社交网络是实现互联网类脑神经元网络的基础，提出社交网络不仅仅是人与人的社交，其将发展成为人与人、人与物、物与物的社交网络，我们将其命名为大社交网络。

第四个重要变化是，依托大社交网络形成类脑神经元网络架构，

---

① 五个重要变化中提到的大社交网络、云群体智能、云机器智能和云反射弧的概念请参见第六章。

形成互联网的左右大脑架构，一方面，人类、商业机构、军事机构和政府机构连接起来形成互联网的右大脑－云群体智能；另一方面，传感器，音频视频监控，机器人，交通、生产、办公和家庭智能设备连接起来形成互联网的左大脑－云机器智能。云群体智能与云机器智能的结合是超级智能实现的基础。

第五个重要变化是，体现了人工智能、大数据等关键技术在互联网大脑中的位置，同时互联网大脑的感觉神经系统、运动神经系统、类脑神经元网络和神经纤维的形成，使互联网产生类似于人类神经反射的现象，我们将这个新机制命名为云反射弧。

关于互联网大脑的感觉神经系统、运动神经系统、中枢神经系统、左大脑－云机器智能、右大脑－云群体智能、云反射弧、混合智能、超级智能的定义，将在第六章进行更为详细的阐述。

互联网大脑为什么是 21 世纪非常重要的智能结构

21 世纪以来，前沿科技领域呈爆发式增长，涌现出的新技术和新概念层出不穷：从云计算到区块链；从谷歌大脑到华为 EI 智能体；从工业大脑到农业大脑；从城市神经网络到智慧社会。总数量超过50 个。这些前沿技术和概念究竟为何产生，它们之间究竟是什么关系，这些问题一直是学术界和产业界探讨的热点。

从科技的进化历程看，一个有趣的现象是，21 世纪涌现出的这些新技术和新概念无一不与互联网大脑架构的形成和发育有关（见图 0.3）。

在前沿科技的概念方面，云计算对应中枢神经系统；物联网对应感觉神经系统；工业 4.0、云机器人、智能驾驶、3D 打印对应运动神经系统；边缘计算对应神经末梢；大社交网络、混合智能、云群体智

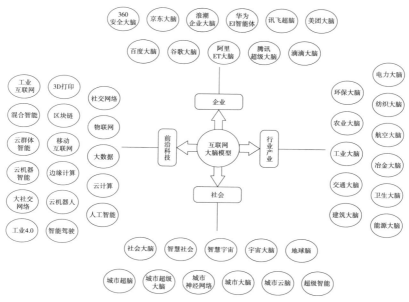

图0.3 前沿技术与互联网大脑的关系

能和云机器智能对应类脑神经元网络；移动通信和光纤技术对应神经纤维；区块链对应一种古老的神经系统，试图反抗互联网的神经中枢化趋势。

在行业产业方面，互联网大脑架构与工业、农业、航空、冶金、建筑、电力等行业结合，形成了工业大脑、农业大脑、航空大脑、冶金大脑、建筑大脑和电力大脑等。

在科技企业方面，世界范围的科技巨头为了适应互联网新出现的类脑结构，不断将自己的核心业务与互联网大脑结合，谷歌依托搜索引擎带来的大数据提出谷歌大脑，科大讯飞依托语音识别技术提出讯飞超脑，360依托安全业务提出360安全大脑，腾讯依托社交网络应用提出腾讯超级大脑，阿里巴巴依托企业级服务提出阿里ET大脑，华为依托通信领域的优势地位提出华为EI智能体。

在社会与哲学方面，各种科技、人文、哲学大脑也不断涌现。早在 1964 年，传媒鼻祖麦克卢汉从媒介的角度提出社会神经网络。1983 年，英国哲学家彼得·罗素提出全球脑或地球脑。到 21 世纪，关于互联网大脑模型的研究产生了更多的大脑系统。例如，与智慧城市结合产生的城市大脑、城市云脑、城市神经网络；与人类社会这个概念结合产生的智慧社会、社会大脑；预测互联网大脑的未来趋势，可以推导出宇宙大脑和智慧宇宙。

由此可见，互联网大脑的形成对 21 世纪人类的社会结构、经济形态、科技创新和哲学思考都产生了重大而深远的影响。可以说，互联网大脑是 21 世纪非常重要的一个智能结构。

第一章 ‖ 互联网大脑发育，前沿科技如何不断涌现

导语：人类婴儿的大脑需要 20 年才能发育成熟，而互联网大脑在互联网诞生 50 年后终于初见端倪。 50 年来，TCP/IP 协议、万维网技术、社交网络、云计算、物联网、工业互联网、大数据、云机器人和边缘计算等不断涌现，它们无一不对应着互联网大脑神经系统的发育过程。 人类大脑和互联网大脑在形成过程中有一个共同的特征，即它们都是自然涌现而非人为规划的。

人类婴儿刚出生时，大脑的重量仅为 350～400 克，大约是成人大脑重量的 25%。此时，婴儿大脑已具备了成人大脑的形状和基本结构，但在功能上还远远不及成人大脑。从婴儿到成人，人类个体的大脑需要 20 年左右的时间才能发育成熟。

互联网诞生于 1969 年，在此后 50 年时间里，逐步从遍布世界的网状模型发育成人类智能与机器智能相结合的大脑模型。然而，即使到今天，由于国家之间、行业之间、企业之间的差异依然巨大，互联网大脑还远远没有达到人类成熟大脑的状态。至少还需要 100 年甚至更长

时间，互联网大脑才能发育成熟，成为大自然从来没有出现过的超级智能。

人类大脑与互联网大脑发育的异同

在人类新生命开始第一次呼吸之前，其大脑就已经开始发育。大脑在生命形成后的 4 周内开始发育。但是，在起初的 6 个月里，大脑的发育只是搭建基本结构：增加神经元和神经连接，保证大脑每个部位在正确位置发育良好。人脑在胚胎发育过程中以每分钟 25 万个神经细胞的速度生长，神经细胞的数量最终将达到千亿个。每个神经细胞都以突触连接的方式与约 100 个神经细胞建立联系。[①]

从互联网大脑的发育看，其有两个特点与人类大脑的发育一致。

第一个特点是涌现。涌现是系统科学中一个非常重要的概念，通常是指在多个要素组成系统后，出现单个要素所不具有的性质，这个性质并不存在于任何单个要素当中，只有当系统用低层次构成高层次时才表现出来，所以人们形象地称其为涌现。在没有人为规划的情况下，大脑的数千亿个神经元细胞精确地连接并到达确定位置，构成与宇宙同等难度量级的复杂系统结构。而互联网不断把几十亿人类和数百万亿台设备连接起来，在科学创新和商业竞争的推动下，自发形成一个复杂的类脑巨系统（见图 1.1）。应该说，人类大脑和互联网大脑的发育过程都符合涌现的特点。

第二个特点是神经系统依次发育成熟。人类大脑的发育首先是神经元细胞爆发式生长，然后是触觉、视觉、听觉等神经系统的发育，

---

① 周丛乐. 新生儿脑发育评价的意义与方法［J］. 临床儿科杂志，2008（3）.

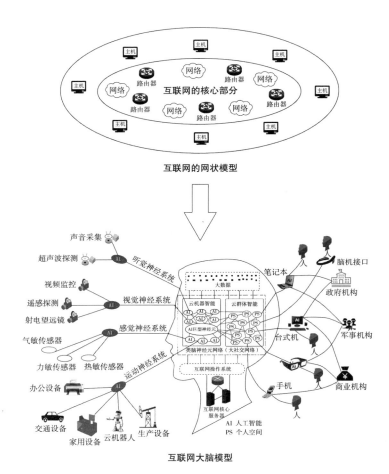

图 1.1　互联网从网状到类脑的发育

然后是情感、依恋、计划性、短期记忆、注意力、自我意识等部位的发育，最后是控制冲动、判断和决策部位的发育。对于互联网大脑，1969 年之后的 30 年是基础构建时期，21 世纪以来，依次发育的是神经元网络、神经纤维、中枢神经系统、感觉神经系统、运动神经系统、神经末梢、反射弧等（见图 1.2）。

下面我们详细阐述互联网大脑的发育历程与未来趋势，并由此介

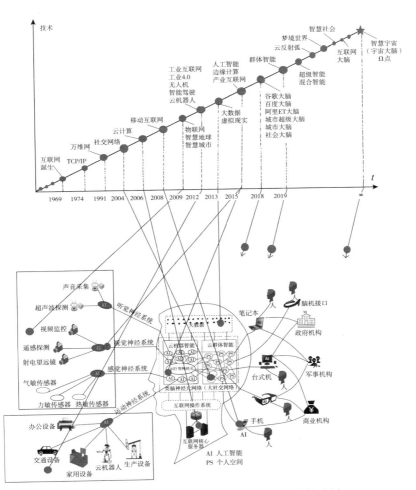

图 1.2 21 世纪前沿科技与互联网大脑发育的映射

绍包括万维网、社交网络、物联网、移动互联网、云计算、大数据、
工业 4.0、工业互联网、云机器人、3D 打印、虚拟现实、人工智能、
智能驾驶、边缘计算、区块链和类脑智能巨系统等在内的前沿科技概
念的本质和相互关系。

从 1701 年开始，互联网诞生前 268 年的孕育

互联网诞生于 1969 年，但在这之前，人类至少已用数百年的时间为互联网的诞生做准备。18 世纪，德国数理哲学大师莱布尼茨（Leibnitz）发明二进制，用两位数（1 和 0）代替原来的十位数。后来，二进制成为互联网和计算机系统得以运行的基础。由此，二进制的发明可以看作互联网发展历史上的第一个里程碑。

1701 年，莱布尼茨给在北京的神父闵明我（Grimaldi）和白晋（Bouvet）写信，告知自己的新发明，希望能引起他心目中的算术爱好者康熙皇帝的兴趣。白晋很惊讶，因为他发现这种二进制的算术与中国古代的一种建立在两个符号基础上的符号系统是非常相似的，这两个符号分别由一条直线和两条短线组成，即——和— —。

莱布尼茨对这个相似性也感到很吃惊，和他的朋友白晋一样，他深信《易经》在数学上的意义。他相信古代的中国人已经掌握了二进制，但这并不能代表二进制与《易经》有必然的联系，莱布尼茨的二进制数学指向的不是古代，而是未来。莱布尼茨于 1679 年 3 月 15 日记录下他的二进制体系，同时还设计了一台可以完成数码计算的机器。我们今天的现代科技将此设想变为现实，这在莱布尼茨的时代是超乎想象的。①

互联网发展历史上的第二个里程碑是电话。电话对于互联网的诞生具有不可替代的作用，因为后来互联网的快速发展正是依赖于电话线的数据传输。即使到 21 世纪的第一个十年，世界各地的家庭和办公上网还主要依赖电话线。

每当提到电话，我们就会联想到贝尔（Bell）。他进行了大量研

---

① 李存山．莱布尼茨的二进制与《易经》［J］．中国文化研究，2000（3）．

究，探索语音的组成，并在精密仪器上分析声音的振动。在实验仪器上，振动膜上的振动被传送到用炭涂黑的玻璃片上，振动就可以被"看见"了。

接下来，贝尔开始思考有没有可能将声音振动转化成电子振动。这样就可以通过线路传递声音了。几年下来，贝尔尝试着发明了几套电报系统。在实验中，贝尔偶然发现沿线路传送电磁波可以传输声音信号。经过几次实验，声音可以稳定地通过线路传输了，只是仍然不清晰。由于贝尔的教学任务繁重，他的研究在很长时间里都没有进展。[①]

1876 年，在贝尔 30 岁生日前夕，通过电线传输声音的设想意外地得到了专利认证。贝尔重新燃起了研究的热情。1876 年 3 月 10 日，贝尔发明的电话宣告了人类历史新时代的到来，为约 100 年后互联网的诞生奠定了线路基础，也可以看作未来互联网大脑中神经纤维的萌芽。

计算机的诞生可以看作互联网发展历史中第三个重要的里程碑，计算机被看作人类大脑的延伸，当这个延伸不断蔓延并最终相互接触时，互联网诞生了。对于互联网而言，计算机是其最后一块拼图，而且是最重要的那一块。

世界上第一台电子数字计算机埃尼阿克（ENIAC）于 1946 年 2 月 15 日在美国宾夕法尼亚大学正式投入运行，它使用了 17 468 个真空电子管，耗电 174 千瓦，占地 170 平方米，重达 30 吨，每秒钟可进行 5 000 次加法运算。虽然它的功能还比不上今天一部普通的智能手机，但在当时它已是运算速度的绝对冠军，并且运算的精确度和准确度之高也是史无前例的。

---

① 蒋立华. 电话的发明与发展［J］.自动化博览，1995（4）.

1969 年互联网诞生，联网计算机实现"世界语"交流

当历史的车轮来到 1969 年时，人类社会已经为互联网的诞生做好了准备，只需要等待它呱呱落地。虽然互联网诞生于美国，但从人类之前数百年的技术准备看，德国、意大利、法国、英国，甚至古代中国都为互联网的诞生做出了不同程度的贡献。由此可见，互联网更应该被看作全人类的孩子。

互联网可以说是美苏冷战的产物。在世界范围内，20 世纪 60 年代是一个很特殊的时代。在那个时代，古巴核导弹危机出现，美国和苏联之间的冷战状态随之升温，核毁灭的威胁成了人们日常关注的话题。

美国国防部认为，如果仅有一个集中的军事指挥中心，当这个指挥中心被苏联的核武器摧毁时，全国的军事指挥系统将处于瘫痪状态，后果不堪设想。因此，有必要设计一个分散的指挥系统，当部分指挥节点被摧毁后，其他节点仍能正常工作，而且可以继续进行通信联络。

1969 年，美国国防部高级研究计划署开始建立一个名为阿帕网的网络，把美国的几台军事及研究用电脑主机连接起来。1969 年 11 月 21 日，美国科学家和军事专家们汇集在加州大学洛杉矶分校，观看一台计算机与数百千米外的斯坦福大学的另一台计算机进行数据传输试验，结果获得成功。同年年底，美国又成功地将四台不同地区的计算机联网，这就是互联网的起点。

互联网的诞生标志着人类历史从此掀开崭新的一页。在这一页里，有一项非常重要的技术诞生，为后来互联网大脑的形成奠定了基础。

这项技术就是 TCP/IP 协议，它主要解决联网计算机之间的通信

问题。互联网的诞生首先是为军事和科研服务的，随着接入主机数量的增加，越来越多的人把互联网作为通信和交流的工具。一些公司开始在这个刚诞生的网络上开展商业活动。随着互联网的商业化，其在通信、信息检索、客户服务等方面的巨大潜力被挖掘出来，由此互联网有了质的飞跃，并最终走向全球，图1.3展示了这个时期互联网重点发育的部位。

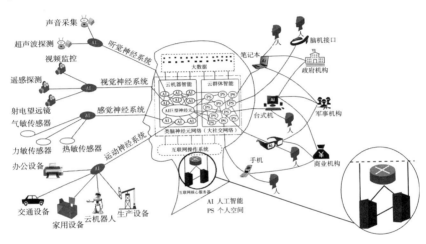

图1.3 互联网诞生初期重点发育的部位

在互联网诞生之初，大部分联网的计算机之间并不兼容。在一台计算机上完成的工作，很难拿到另一台计算机上去用，在硬件和软件均不一样的电脑之间联网，存在很多困难。当时美国的状况是，陆军用的电脑是 DEC（美国数字设备公司）系列产品，海军用的是霍尼韦尔（Honeywell）中标机器，空军用的是 IBM 公司的电脑，每一个军种的计算机在各自的系统里运行良好，但有一个弊端：不能共享资源。

当时，科学家们提出这样一个理念：所有计算机生来都是平等的。为了让这些生来平等的计算机实现资源共享，需要在它们运行的操作系统之上，建立一种所有计算机必须共同遵守的协议标准，这样才能让不同的计算机按照一定的规则进行交流和信息共享。①

1973 年，美国科学家罗伯特·卡恩（Robert Kahn）邀请文顿·瑟夫（Wenton Cerf）一起考虑这个协议的各个细节。1974 年，他们共同开发出互联网的核心技术——TCP/IP 协议（见图 1.4）。

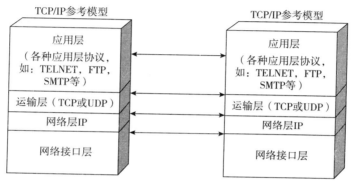

图 1.4　TCP/IP 协议

这个协议为每一台运行在互联网上的计算机制定了访问地址，同时为不同的计算机甚至不同类型的网络间传送信息包制定了统一的标准。所有连接在网络上的计算机，只要遵守这两个协议，就能够进行通信和交互。由此，TCP/IP 协议可以看作互联网世界里计算机的通用"世界语"。罗伯特·卡恩和文顿·瑟夫被誉为"互联网之父"。

1984 年，美国国防部将 TCP/IP 协议作为所有计算机网络的标准。TCP/IP 协议成为互联网上所有主机间的共同协议，从此以后作为一种必须遵守的规则被应用。1985 年，互联网架构理事会举行了一个有 250 家厂商代表参加的工作会议，以帮助该协议推广。2005

---

① W. Richard Stevens. TCP for Transactions, HTTP, NNTP, and the UNIX Domain Protocols ［M］. TCP/IP Illustrated, Volume 3：ISBN 0-201-63495-3.

年 9 月 9 日，卡恩和瑟夫由于对美国文化做出的卓越贡献被授予总统自由勋章。

1989 年万维网推出，人类的知识海洋出现

互联网诞生之后，1969—1983 年出现四个重要的应用技术，分别是电子邮件（Email）、FTP（文件传输协议）、BBS（公告板系统）和电子游戏，它们使人类通过互联网实现信息的更快传递和分享。但这些应用本身也有缺点。

当时，互联网的第一个缺点是，使用者需要登录到相关应用中，输入用户名和密码才能使用相关功能；第二个缺点是，虽然计算机之间的通信问题被解决了，但运行在它们之上的文件系统是相互隔离的，无法实现应用之间的信息共享。

到 20 世纪 80 年代，经过近 10 年的发展，互联网已经成长为世界科技、军事、政府机构中信息共享的巨大网络，但由于技术架构存在问题，互联网信息像被锁在一个个箱子里的宝贝一样，获取时需要密码和钥匙，不同箱子里的宝贝也无法相互交换。

1980 年，在欧洲核物理实验室（CERN）工作的 26 岁物理学家伯纳斯·李（Berners-Lee），一直在思考能不能找到一种方法把每天需要的各类信息，如电话簿、科研记录、报告、论文和实验数据等一起分门别类地存入计算机中。

首先，伯纳斯·李需要找到一个标准化的方法使所有文档都可读，可链接。他选择了超文本链接标示语言（HTML）。然后，他创造了世界上第一台网络服务器。这是一台欧洲核物理实验室的专用服务器，负责在欧洲核物理实验室的其他计算机中进行搜寻，同时把用户需要的文档和信息呈现出来。用了大约 4 年的时间，伯纳斯·李逐

渐增加了欧洲核物理实验室服务器和超文本链接标示语言程序的功能。①

伯纳斯·李认为这项成果不应该仅属于欧洲核物理实验室，20世纪80年代末，他决定把这项成果推广到全世界。也就是在这个时候，他把自己创造的信息网取名为万维网。

1989年年末，伯纳斯·李把欧洲核物理实验室的服务器与成长中的互联网连接起来，并张贴信息公布网络程序，告知人们如何访问和使用这个新网络。这样，万维网诞生了，万维网的重点发育部位如图1.5所示。万维网的诞生实质上打破了互联网原有的"蜂箱"木板，让任何登录到万维网的用户都可以在信息海洋中自由地遨游。

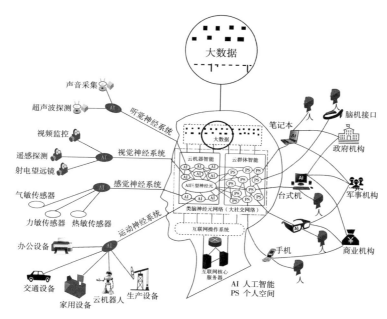

图1.5　万维网的重点发育部位

---

①　王善平. 实现超文本梦想的万维网——2016年度图灵奖简介［J］. 科学，2017（6）.

　　万维网与 BBS、FTP、电子邮件一样,是互联网所提供的服务之一。构成万维网的文字、声音、图片和视频等主要放在网络服务器中。这些信息用许多互相链接的超文本格式编写,并可以与其他服务器中的信息相互引用。

　　有用的内容被称为资源,由一个全局统一资源标识符(URI)标识,这些资源通过超文本传输协议(HTTP)传送给用户,后者通过点击链接获得资源,如图 1.6 所示。

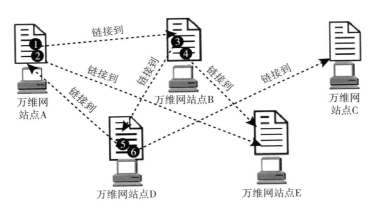

图 1.6　万维网超文本传输协议模型

　　万维网的架构分为网络客户端和服务器。所有更新的信息、数据只在网络服务器上修改,其他几千万个客户端计算机不保留或保留很少的信息、数据,更多通过访问服务器获得需要的信息、数据,这种结构被称为互联网的 B/S 架构,也就是中心型架构,如图1.7 所示。

　　B/S 架构是目前互联网最主要的架构,谷歌、脸书、腾讯、阿里巴巴、亚马逊等世界科技巨头和数千万个网站都在采用这个架构。到21 世纪,B/S 架构随着互联网科技巨头的出现逐步演变成云计算,成为互联网中枢神经系统的核心。

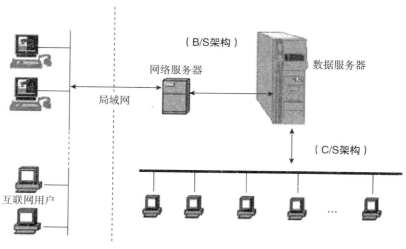

图 1.7　万维网的 B/S 架构

如果伯纳斯·李为自己发明的万维网申请了知识产权，那么如今的互联网世界将会是另外一个模样。伯纳斯·李将自己的发明无私地奉献给了全世界，分文未取。

后来，很多人因此成功创建了互联网企业，如杰夫·贝佐斯（Jeff Bezos）创建了亚马逊，杨致远创建了雅虎（Yahoo），马克·安德森（Marc Andreessen）创建了网景通信公司（Netscape）等。

2004 年 4 月 15 日，在芬兰埃斯波市的一个颁奖仪式上，芬兰技术奖基金会指定当时 49 岁的伯纳斯·李获得"千年技术奖"，他成为这个全球最大的技术类奖项的首位获得者，并获得 100 万欧元的奖金。

万维网对于互联网大脑发育的意义是无与伦比的，20 年后互联网中枢神经系统——云计算的产生与它的 B/S 架构有关，大数据的兴起与它的超链接和超文本技术也有直接关系，甚至引发巨大争议的区块链技术也因为要对抗万维网而被世界关注。

2004 年社交网络产生，互联网类脑神经元网络发育

对于脑科学来说，神经元是大脑最重要也最基础的结构。神经元组成的神经网络帮助生命体整合或协调各种输入的信息，使生命体有规律地进行各种机能活动，以适应环境变化。动物进化程度越高，神经系统越发达，对各系统活动的控制和调节越精细灵活，适应内外环境变化的能力也越强。

社交网络源自英文 SNS（Social Network Service）。社交网络在技术结构上扮演了互联网大脑中的神经元网络的角色。作为互联网顶层的应用，社交网络的技术形态可以击穿各种计算机、服务器、智能设备的硬件壁垒，实现无界限、无障碍的全网信息链接，图 1.8 显示了社交网络的重点发育部位。

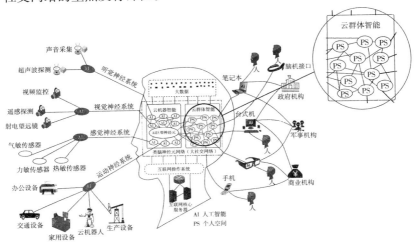

图 1.8 社交网络的重点发育部位

社交网络的发育对互联网的发展有着特别重大的意义。1989 年，万维网的诞生使新闻类网站、电子商务网站和 BBS 网站得到了快速发展，但这些网站的个人角色并不明显，互联网用户大多以匿名用户

或非登录用户的形式浏览信息，个人发布的信息也不能统一到个人名下，供其他访问者浏览。

20 世纪 90 年代博客的诞生，首先解决了互联网虚拟世界个人角色缺失的问题。博客是一种新型的互联网服务平台，基于互联网的技术架构，其允许互联网用户在网络上发表个人文章，并允许个人进行管理。在博客中加入相互关注、相互沟通的社交功能后，人类社会的社交属性终于可以映射到互联网中。在社交网络的发展过程中，有两家企业扮演了特别重要的角色，它们分别是腾讯和脸书。

1996 年夏天，以色列的三个年轻人维斯格（Weisg）、瓦迪（Vardi）和高德芬格（Goldfinger）聚在一起决定开发一种软件，充分利用互联网即时通信的特点，来实现人与人之间快速、直接的交流，由此产生了应用软件 ICQ。ICQ 向所有注册用户提供基于 ICQ 的通信服务。

1998 年 11 月 11 日，马化腾和他的大学同学张志东正式注册成立深圳市腾讯计算机系统有限公司。1999 年 2 月，腾讯基于 ICQ，在互联网上推出 OICQ（后改名为 QQ），第一个测试版本的功能十分简单，只能进行简单的在线即时通信，但其界面设计令人称赞不已。

腾讯于 2011 年 1 月 21 日推出为智能手机提供即时通信服务的软件——微信，微信支持跨通信运营商、跨操作系统平台，用户通过网络可以快速发送免费语音短信、视频、图片和文字。

截至 2017 年年底，微信和 WeChat（海外版微信）的合并月活跃用户数第一次超过 10 亿，与此同时，QQ 的月活跃用户数为 8.50 亿。通过近 20 年的发展，腾讯的 QQ 和微信成长为中国排名靠前的社交网络平台。[1]

在腾讯诞生 5 年后，2004 年 2 月，扎克伯格在美国开始着手建立

---

[1]　腾讯．微信和 WeChat 合并月活达 10.58 亿．腾讯 2017 年第四季度报告．2017.

一个网站作为哈佛大学学生交流的平台，只用了大概一个星期的时间，这个名为脸书的网站就建成了。意想不到的是，网站刚一开通就大受欢迎，几个星期内，哈佛一半以上的大学部学生注册脸书账号，主动提供他们最私密的个人信息，如姓名、住址、兴趣爱好和照片等。学生们利用这个免费平台关注朋友的最新动态、和朋友聊天、搜寻新朋友。脸书很快就在常春藤名校"蔓延"开来，大家用自己学校的专用邮箱便可以申请到一个用户账号。

2017 年，脸书首次正式对外公布月活跃用户数已经超过 20 亿。从 2004 年创立到获得 10 亿月活跃用户，脸书用了 8 年时间，月活跃用户数从 10 亿到 20 亿，脸书又花了 5 年时间，在坐稳全球第一大社交网站宝座后，脸书的发展进入下半场。

除了腾讯和脸书，不同类型的社交网络应用不断产生，其中推特（Twitter）、阿里巴巴、Line（通信软件）、今日头条等在世界范围内产生了很大的影响。

2004 年开始的博客和 Web 2.0 科技热潮推动了社交网络的发展，到 2018 年，伴随物联网、工业 4.0 的发展，腾讯、脸书两家世界最重要的社交网络公司启动了自己的物联网战略，将社交网络从连接人延伸到连接物，包括传感器、摄像头、智能汽车和无人飞机。这种延伸表明，社交网络从人与人的社交开始进化为人与人、人与物、物与物的大社交网络，从而为其发育成更成熟的类脑神经元网络奠定了技术基础。

2006 年云计算兴起，互联网大脑中枢神经开始成熟

在万维网诞生后的近 30 年中，谷歌、亚马逊、脸书、阿里巴巴、百度和腾讯等公司利用万维网的 B/S 架构，成长为互联网巨头。

它们在各自的总部，建立了功能强大的中心服务器集群，存放海量数据，上亿用户从它们的服务器中获取自己需要的数据，互联网巨头把自己没有用完的中心服务器资源开放出来，供企业、政府和个人使用，这就导致后来云计算的出现。

中心化的互联网巨头对世界、国家和互联网用户的影响越来越大。到 21 世纪的前十年，万维网的 B/S 架构发展为云计算，在互联网大脑中开始发挥中枢神经系统的作用。云计算重点发育部位如图 1.9 所示。

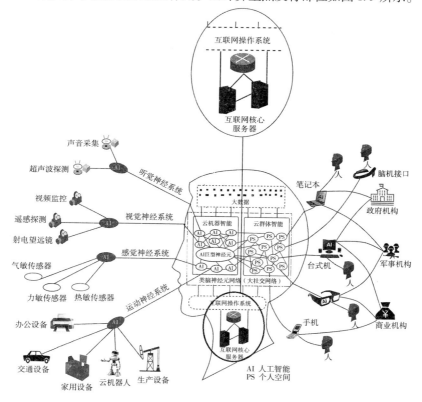

图 1.9　云计算重点发育部位

2006 年 3 月，亚马逊推出弹性计算云服务。2006 年 8 月 9 日，谷歌首席执行官埃里克·施密特在搜索引擎大会上首次提出云计算的概念。

2007年10月，IBM和谷歌宣布在云计算领域进行合作，之后云计算迅速成为产业界和学术界研究的热点。云计算是一种基于互联网的新计算方式，通过互联网上异构、自治的系统为个人和企业提供按需即取的计算服务。云计算服务一般分为三种类型：基础设施即服务（IaaS）、平台即服务（SaaS）和软件即服务（PaaS）。

上述关于云计算的描述比较枯燥难懂，通俗地说，随着互联网的发展，很多企业、政府机构和科研机构在互联网上拥有的数据越来越多，在互联网上的业务增长也越来越快。因此，互联网企业的软硬件维护成本不断增加，成为沉重负担。与此同时，互联网巨头（如谷歌、IBM、亚马逊、阿里巴巴、百度和腾讯）的软硬件资源有大量空余，没有得到充分利用，在这种情况下，互联网从各自为战的软硬件建设向集中式的云计算转换就成为互联网发展的必然。

从云计算的概念和实际应用我们可以看到，云计算有两个特点：第一，互联网的基础服务资源如服务器的硬件、软件、数据和应用服务开始集中和统一；第二，互联网用户不用再消耗大量资源来建立独立的软硬件设施以及维护人员队伍，通过互联网接受云计算提供商的服务，就可以实现自己需要的功能。

大脑的中枢神经系统是在动物的神经系统集中化的过程中，作为其形态上的中心和机能上的中枢而分化出来的部位。中枢神经系统可以控制和调节整个机体的活动。

在互联网大脑中，中枢神经系统将互联网的核心硬件层、核心软件层和互联网信息层统一起来为互联网各神经系统提供支持和服务，从定义上看，云计算与互联网大脑中枢神经系统的特征非常吻合。在理想状态下，各类传感器和人类用户一起，通过计算机终端和互联网线路与云计算进行交互，向云计算提供数据，接受云计算提供的服务。

到 2017 年，世界互联网和科技巨头几乎全部进入云计算领域，根据知名市场研究公司高德纳（Gartner）发布的报告，全球云服务市场继续呈现高速发展态势，2017 年全球云服务市场规模达 2 602 亿美元，同比增长 18.5%。云服务呈现的这种强劲发展势头有望在未来 5～7 年内保持下去，预计到 2020 年，全球云服务市场的规模将达到 4 114 亿美元。①

2008 年光纤、移动通信发展，神经纤维开始加速发育

神经纤维负责在神经元之间传输信号或信息，神经元是具有长轴突的细胞，它由细胞体和细胞突起构成。其中，突起分为树突和轴突，树突较短，轴突细长如纤维。神经纤维分布在人体所有器官和组织的间隙，是组成神经系统的基本元件之一，许多神经纤维集结成束构成神经。

作为互联网大脑神经系统的一部分，互联网大脑的神经纤维在过去近 200 年中一直处于发育状态，莫尔斯电码、电话、同轴电缆、光纤、卫星通信和移动通信技术等不断涌现。移动通信的重点发育部位如图 1. 10 所示。

1876 年 3 月 10 日，贝尔的电话宣告人类历史新时代的到来。这不但实现了人类超远距离语音通信的梦想，也为 90 年后互联网的诞生奠定了基础。1870 年的一天，英国物理学家丁达尔（Tyndall）到皇家学会的演讲厅讲光的全反射原理，他做了一个简单的实验：在装满水的木桶上钻个孔，然后用灯从桶上边把水照亮。结果使观众大吃一惊。人们看到，被照亮的水从水桶的小孔里流了出来，水流弯曲，

① Gartner. 2017 年云计算发展报告，2017.

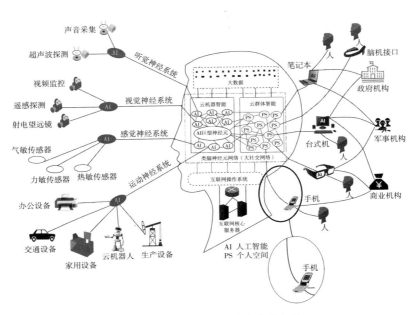

图 1.10 移动通信的重点发育部位

光线也跟着弯曲，光居然被弯曲的水俘获了。

根据这一现象，后来人们造出一种透明度很高、粗细同蜘蛛丝的玻璃丝——玻璃纤维，当光线以合适的角度射入玻璃纤维时，光就沿着弯曲的玻璃纤维前进。因为这种纤维能够传输光线，所以被称为光导纤维。

1966 年，英籍华人高锟（Charles Kao）发表了一篇题为《光频率介质纤维表面波导》的论文，开创性地提出光导纤维在通信领域应用的基本原理。1970 年，光纤研制取得重大突破，高锟因此获得 2009 年诺贝尔物理学奖。

美国康宁公司（Corning）成功研制损耗 20 分贝/千米的石英光纤。这解决了光纤通信诞生的难题。因此，光纤通信开始可以和电话线、同轴电缆通信竞争，世界各国相继投入大量人力、物力，把光纤通信的研发推向一个新阶段。在光纤通信领域，前沿趋势包括智能化、光器件集成化、全光网络、大容量以及高速趋势等。①

21 世纪以来，在互联网大脑神经纤维的发育过程中，除了电话线、光纤等有线网络，移动通信也迅猛发展。无线电通信最大的魅力在于，借助无线电波具有的波动传递信息的功能，人们可以省去架设导线的麻烦，实现更自由、更快捷、无障碍的信息交流。

移动通信是我们今天用手机连接互联网的最主要方式之一，它从俄国波波夫（Popov）和美国的马可尼（Marconi）实现的无线通信，一直发展到今天的 3G、4G、5G 移动通信技术。

1938 年，美国贝尔实验室为美国军方制成了专门的移动电话——手机，并被应用于战场中的车载通信，这时候的车载移动电话，已经可以支持几个人同时进行通话。不过，早期的设备体积非常庞大，功耗大，所以只能用于战时的紧急通信。

二战后，在原有车载通信的基础上，贝尔实验室的母公司美国电话电报公司（AT&T）升级了已有系统，正式将无线电话服务商业化，史称移动电话服务（MTS）。1946 年，史上第一个服务于大众的移动电话服务被引入美国的 25 个主要城市，每个系统使用高塔和单个大功率的发射机，覆盖的范围超过 50 千米。

1947 年 12 月，贝尔实验室的工程师威廉·杨（William Young）第一次提出了蜂窝移动电话的六角形蜂窝小区的概念，并与同事道格拉斯·瑞（Douglas Ray）一起写了一篇关于蜂窝通信的论文，详细

---

① 罗益锋. 光导纤维的发展动向和新进展［J］.高科技纤维与应用，2010，35（3）：26－30.

地描述了如何构建广域的蜂窝通信网络。在当时，因为技术水平的限制，蜂窝通信被认为是天方夜谭。

1978 年，美国贝尔实验室开发了先进移动电话业务（AMPS）系统，这是第一个真正意义上的具有随时随地通信能力的大容量蜂窝移动通信系统。到 20 世纪 80 年代中期，欧洲和日本也纷纷建立自己的蜂窝移动通信网络系统，这些系统都是模拟制式的频分双工（FDD）系统，被称为第一代蜂窝移动通信系统或 1G 系统。1G 系统只能应用在一般语音传输上，语音品质低、信号不稳定、涵盖范围不全面。模拟制式通信系统有很多缺陷，经常出现串号、盗号等现象。[①]

到 1995 年，新的通信技术成熟，世界范围内的通信行业正式告别 1G，进入 2G 时代，模拟调制发展为数字调制。第二代移动通信系统具备高度的保密性，容量增加，同时从这一代开始，手机可以上网了。

第二代移动通信为接下来的 3G 和 4G 奠定了基础，比如分组域的引入和对空中接口的兼容性改造，使得手机不再只有语音、短信这样单一的业务，还可以更有效率地连入互联网。其实，在前两代系统中，并没有一个国际组织明确定义什么是 1G，什么是 2G，而是靠各个国家和地区的通信标准化组织自己制定协议。

到了 3G 时代，国际电信联盟（ITU）提出了 IMT － 2000 系统，只有符合 IMT － 2000 系统要求的才能被认定为 3G 技术，3G 技术主流的制式是 WCDMA、CDMA2000 EVDO 和 TD-SCDMA。

2008 年是移动互联网爆发的一年，也是互联网大脑神经纤维加速发育的一年。在这一年里，总共出现了两个重要的事件。第一个事件是，6 月 8 号，乔布斯领导的苹果公司推出了首款支持第三方应用

---

① 韦惠民，李白萍．蜂窝移动通信技术［M］．西安：西安电子科技大学出版社，2002：134 － 156.

的苹果手机，从而为该公司在未来十年的快速发展奠定了平台基础。到 12 月，短短的 6 个月里，苹果第一代 3G 手机迅速抢占美国智能机市场 30% 的份额，凭一己之力拉动了移动通信行业的增长。第二个事件是，2008 年 9 月，谷歌正式发布了安卓 1.0 系统，第一部安卓手机诞生。安卓操作系统最初由安迪·鲁宾（Andy Rubin）开发，主要支持智能手机，2005 年 8 月被谷歌收购。

2008 年出现的这两个事件对后来移动互联网的发展产生了巨大的拉动作用。人类连入互联网的主要工具开始从有线的台式机转向无线的智能手机，为了适应这个新需求和新变化，互联网大脑的神经纤维在移动通信这个方向上从 3G 向 4G、5G 不断进化。

4G 是指第四代无线蜂窝电话通信协议，是集 3G 与无线局域网（Wlan）于一体并能够传输高质量视频图像的技术产品。4G 系统能够以 100 Mbps 的速度下载，比拨号上网快 2 000 倍，上传的速度也能达到 20 Mbps。4G 的标准主要由两个组织制定，一个是 3GPP（第三代伙伴计划），代表了大多数传统的运营商、通信设备制造商等，长期演进/长期演进的演进（LTE/LTE-Advanced）出自其手。另一个是 IEEE（电机与电子工程师学会）。4G 标准的制定是 IT（信息技术）界对通信界的一次挑战。

到 2018 年，物联网尤其是智能汽车等产业的快速发展，对网络通信速度提出了更高的要求，这无疑成为推动 5G 网络发展的重要因素。因此，世界各国特别是发达国家，均在大力推进 5G 网络，以迎接下一波科技浪潮的到来。不过，从目前的情况来看，5G 网络离大规模商用预计还需 2 ~ 3 年。

5G 是站在巨人的肩膀上的。依托 4G 良好的技术架构，5G 可以比较方便地开发新的技术。4G 的网速现在已经很快了，但是还不够，

5G 的目标是传输速度最大可以达到 10 Gbps。[①]

5G 移动宽带系统将成为 2020 年以后满足人类信息社会需求的无线移动通信系统。5G 的正式应用对互联网大脑的发育将起到重要作用，特别是对以智能交通、智能制造和云机器人为代表的互联网运动神经系统将产生巨大推动作用。

2009 年物联网启动，类脑感觉神经系统出现萌芽

感觉神经系统是生物感知世界、感知自我、获取外界和自身信息的重要通道，感觉神经一端与脑或脊髓相连，另一端与分布在体表、眼、耳、鼻以及内脏中的感觉神经末梢相连，感觉神经末梢感受机体内外的刺激后产生兴奋，并转化为神经冲动，经传入神经传入神经中枢，引发触觉、视觉、听觉、嗅觉等感觉信号。

互联网大脑的感觉神经系统首先是从传感器网络发展起来的，人们为了从外界获取信息，必须借助感觉器官。在复杂的自然规律研究和生产活动中，单靠人们自身的感觉器官是远远不够的。为适应这种情况，传感器伴随着工业革命的深入开展被发明出来。因此可以说，传感器是人类五官的延长，又被称作电五官。

传感器通过互联网的线路连接在一起成为传感器网络，最早的传感器网络可以追溯到 20 世纪 70 年代美军在越战中使用的"热带树"传感器。为了遏制北越在胡志明小道的后勤补给，美军在这条小道上投放了上万个"热带树"传感器。这是一种振动和声响传感器，当北越车队经过时，传感器探测到振动和声响即向指挥中心发送感知信号，美军收到信号后即组织轰炸。有资料显示，越战期间，美军依靠

①　高芳，等. 全球 5G 发展现状概览［J］. 全球科技经济瞭望，2014（7）：59 – 67.

"热带树"的帮助总共炸毁了4万多辆北越运输卡车。①

　　在很长时间里，以传感器网络为代表的互联网大脑感觉神经系统并没有受到人类的重视，直到2009年IBM提出智慧地球，物联网爆发，互联网大脑的感觉神经系统才开始发育，物联网重点发育部位如图1.11所示。

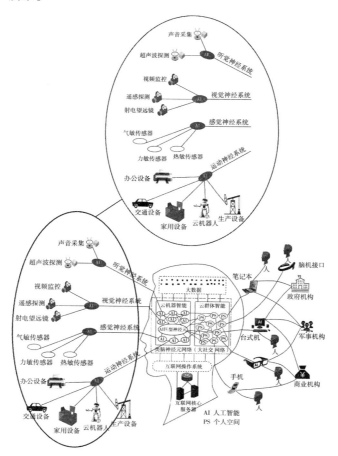

图1.11　物联网重点发育部位

---

① 陈积明，林瑞仲，孙优贤．无线传感器网络通信体系研究［J］．传感技术学报，2006，2（1）：78 – 81.

2017 年，全球物联网设备安装数量高达 285 亿个，到 2020 年，全球物联网设备安装数量预估会增加到 500 亿个。空调控制、LED 照明控制、路灯控制、轨道安全监控、医疗设备实时监控、发电厂实时传感器等，为智慧城市、智慧企业和智慧社会的感知提供支持，麦肯锡（McKinsey）全球研究机构预计，到 2025 年，物联网对全球经济的影响将高达 6.2 万亿美元[①]。

物联网之间通信技术的应用，即互联网大脑感觉神经纤维的发育，目前主要分为两类：一类是蜂舞协议（Zigbee）、WiFi[②]、蓝牙、Z-Wave[③] 等短距离通信技术，主要用于智能家居、工业数据采集等局域网通信场景；另一类是低功耗广域网（LPWAN），即广域网通信技术，进行大范围、远距离的通信需要远距离通信技术。

提到远距离无线通信，大家可能会有疑问：不是有移动蜂窝通信技术吗？的确，目前全球电信运营商已经构建了覆盖全球的移动蜂窝网络。然而，2G、3G、4G、5G 等移动蜂窝网络虽然覆盖范围广，但基于移动蜂窝通信技术的物联网设备功耗大、成本高，而且主要用于人与人之间的通信。

为物联网提供通信服务的低功耗广域网技术分为两类：一类是工作于未授权频谱的 LoRa、SigFox 等技术；另一类是工作于授权频谱的 NB-IoT、eMTC 等技术。这两类中最重要的分别是 LoRa 技术和 NB-IoT 技术。

LoRa 技术是最早由法国公司 Cycleo 开发的一种扩频无线调制专利技术。2012 年，Cycleo 被美国升特公司（Semtech）以约 500 万美

---

① 麦肯锡.2017 年麦肯锡物联网研究报告，2017.

② WiFi 是指基于 IEEE 802.11 b 标准的无线局域网。

③ Z-Wave 是一种无线组网规格。

元收购，收购之后，升特公司为促进其他公司共同参与 LoRa 生态，于 2015 年 2 月联合 Actility①、思科（Cisco）和 IBM 等多家厂商共同发起创立 LoRa 联盟。

经过三年多时间的发展，目前 LoRa 联盟在全球拥有 500 多个会员，并在全球 100 多个国家布置了 LoRa 网络，这些网络遍及美国、加拿大、巴西、中国、俄罗斯、印度、马来西亚、新加坡等国家和地区，2018 年阿里巴巴、腾讯宣布加入 LoRa 联盟，为 LoRa 通信技术带来巨大助力。

从技术方面来看，相比成本和能耗较高的 NB-IoT 方案，LoRa 技术的用户不依靠运营商就可以完成 LoRa 网络部署，布设更快，成本更低。在小区、农场、产业园等封闭区域，特别是 NB-IoT 信号较弱的室内和地下，LoRa 技术的优势更明显。目前，美国、法国、韩国等 41 个国家的 350 个城市已开始应用 LoRa 技术进行布网试点，共有 67 家网络运营商在提供服务。

在中国主推的物联网通信技术标准为 NB-IoT，2015 年，华为联合高通（Qualcomm）、沃达丰（Vodafone）等国际知名企业正式提出 NB-IoT 的概念。除了华为，三大运营商对 NB-IoT 也青睐有加。NB-IoT 为运营商建网，不像 LoRa 为企业独立建网，所以 NB-IoT 在通信基站本身的基础上进行改造就可以，用不大的工作量就能建成网络。然后，运营商就可以通过这一数据通道进行收费，从而增加了接入终端数。

频谱是物联网连接标准最宝贵的财富，与 LoRa 属于私人或公司标准不同，NB-IoT 属于国际标准，这种差异导致 NB-IoT 拥有被保护的合法频谱。简单来说，拥有合法频谱就相当于拥有合法的停车位，

---

① 这是一家全球行业物联网解决方案服务商。

在这一点上，LoRa 先天不足。①

总体来看，2009 年开始迅猛发展的物联网，为互联网大脑感觉神经系统的发育和 2018 年类脑智能巨系统的大量涌现奠定了技术基础。

2012 年工业 4.0 和工业互联网被提出，运动神经系统开始发育

在互联网大脑感觉神经系统发育之后，2012 年互联网大脑运动神经系统也开始发育。运动神经可以帮助生命对物理世界进行影响和改造，互联网大脑运动神经系统的发育使得互联网大脑对世界的影响更为深远，涉及的安全问题也更为严重。

在工业领域，通用电气（GE）于 2012 年提出工业互联网的概念，德国政府于 2013 年推出工业 4.0 战略，中国政府也在 2015 年发布实施制造强国战略的第一个十年行动纲领《中国制造 2025》。

通用电气认为，工业互联网是全球工业系统与高级计算、分析、传感技术及互联网的高度融合，简单地说就是，核磁共振成像仪、飞机发动机、电动车甚至发电厂都可以连接到工业互联网中。②

2013 年，在汉诺威工业博览会上，德国政府正式提出工业 4.0，其目的是提高德国工业的竞争力，在新一轮工业革命中抢占先机。工业 4.0 迅速成为德国的一个标签，并在全球范围内引发了新一轮的工业转型竞赛。

工业 4.0 旨在提升制造业的智能化水平，建立具有适应性、资源

---

① 吴毅，夏婷婷，李润青. 基于 NB-IoT 及 LORA 的技术分析和应用展望［J］. 中国管理信息化，2018.

② https：//www. ctocio. com/ccnews/9954. html.

效率及基因工程学的智慧工厂，在商业流程及价值流程中整合客户及商业伙伴，其技术基础是互联网基础设施及物联网。

工业 4.0 和工业互联网带来的不仅是产品质量和生产效率的提升以及成本的降低，通过将大量工业技术原理、行业知识、基础工艺和模型工具规则化、软件化、模块化，并封装为可重复使用的微服务组件，第三方应用开发者可以针对特定的工业场景开发不同的工业 App（应用程序），进而构建基于互联网服务工业制造业的产业生态[1]，图 1.12 展示了工业 4.0 和工业互联网的重点发育部位。

图 1.12　工业 4.0 和工业互联网的重点发育部位

① 张曙 . 工业 4.0 和智能制造［J］. 机械设计与制造工程，2014.

比如，一家汽车企业计划实施刹车片召回。传统的做法是，通过各种软件追溯问题源头，通过生产管理、库存管理系统查看存货情况，通过销售和售后系统查看在销和已销车型情况，进而汇总分析召回刹车片的总量、替换刹车片的排产、发货所需时间以及整体召回成本等。

如果这家企业已经接入工业互联网，那么这个过程将变得非常简单，只需构建一个召回场景的工业 App，按照逻辑关系调用研发、生产、物流、库存管理、销售、售后等工业微服务组件，所有有关数据就一目了然了，就像我们通过智能手机里的 App，可以享受各种专业服务。

除了工业 4.0、工业互联网，2012 年之后，云机器人、智能汽车、无人机和 3D 打印也迅速发展，成为互联网大脑运动神经系统的重要组成部分。在 2010 年第 10 届 IEEE-RAS 仿人机器人国际会议上，卡耐基梅隆大学的詹姆斯·库夫纳（James Kuffner）教授提出云机器人的概念，引起了广泛的讨论。

云机器人是互联网云计算与机器人学的结合。同其他网络终端一样，云机器人本身不需要存储所有资料信息，也不需要具备超强的计算能力，只需要对云端提出需求，云端就会做出相应的响应。

2014 年，英国五所著名大学和飞利浦、谷歌共同合作研发的机器人地球（RoboEarth），被认为是云机器人版本的网络平台。通过这个平台，连接到互联网的云机器人能够分享信息，和其他云机器人进行沟通交流，还能共享和互相学习机器人技能，进而在现实生活中表现出超强的学习能力。①

智能汽车可以看作将汽车变成一台云机器人的技术领域，是互联

---

① 张恒，刘艳丽，刘大勇．云机器人的研究进展［J］．计算机应用研究，2014（9）．

网发展过程中出现的多种学科、技术交叉的前沿领域，这些学科、技术包括认知工程学、网络导航、自主驾驶和人体工程学等。在智能汽车领域，谷歌是重要的参与者之一，2018 年 7 月，谷歌宣布其自动驾驶车队在公共道路上的路测里程已达 1 200 万千米。2012 年 5 月 8 日，在美国内华达州允许无人驾驶汽车上路 3 个月后，机动车驾驶管理处为谷歌的无人驾驶汽车颁发了世界上第一张合法车牌。为了醒目地进行区分，无人驾驶汽车的车牌是红色的。①

作为传统的交通工具，汽车是工业文明的代表产物，而互联网和人工智能是信息化社会的代表产物，三者的结合构成了智能汽车，因此，智能汽车不仅是新一代的交通工具，它与云机器人、智能制造、工业 4.0、工业互联网、3D 打印和无人机等共同成为互联网大脑运动神经系统发育的重要一环。

2013 年大数据爆发，形成互联网大脑的智能基础

人类大脑每天要接收和处理大量数据，一生存储的数据是天文数字级的，大脑中的大数据是人类形成智能、产生意识的基础，人类大脑由近 1 000 亿个神经元细胞构成，重约 1 400 克。1956 年，在美国耶鲁大学的一次演讲中，计算机科学家约翰·冯·诺伊曼（John Von Neumann）提出，一个人类大脑的容量约为 3 500 万亿 MB——简直是天文数字，甚至以当今计算机的标准而言也是一个庞大的数字。②

2010 年，加利福尼亚的科学家们完成了一项新研究，他们测试了人脑中的海马神经元在低能量高计算强度下的运行情况，结果发

---

① 刘春晓. 改变世界——谷歌无人驾驶汽车研发之路 [J]. 汽车纵横，2016（5）.
② 崔丕胜. 约翰·冯·诺伊曼 [J]. 世界经济，1985（3）.

现，人脑的记忆容量可能是人类之前预估的 10 倍。索尔克生物研究所的特里·塞吉诺斯基（Terry Sejnowski）说："我们测量出来的大脑记忆容量保守估计是之前预计的 10 倍，至少有 1PB 的容量，大概相当于整个互联网的容量。"他们将发现发表在《eLife》上。①

21 世纪以来，随着博客、社交网络、云计算和物联网等的兴起，互联网上的数据正以前所未有的速度不断增长和累积，学术界、工业界甚至政府机构已经开始密切关注大数据问题。大数据是互联网发展到一定阶段的必然产物，互联网用户的互动、企业和政府的信息发布、物联网传感器感应的实时信息每时每刻都在产生大量的结构化和非结构化数据，这些数据分散在整个网络体系内，体量极其巨大。

这些数据蕴含了经济、科技、教育等领域中非常宝贵的信息。大数据的研究就是通过数据挖掘、知识发现和机器学习等方式将这些数据整理出来，形成有价值的数据产品，然后提供给政府、企业和个人用户使用，图 1.13 展示了大数据的重点发育部位。

《自然》杂志早在 2008 年就推出《大数据》（Big Data）专刊。《科学》（Science）在 2011 年 2 月推出专刊《数据处理》（Dealing with Data），主要围绕科学研究中的大数据问题展开讨论，说明了大数据对于科学研究的重要性。全球知名的咨询公司麦肯锡在 2011 年 6 月发布了一份关于大数据的详尽报告，对大数据的影响、关键技术和应用领域等进行了详尽的分析。

互联网的大数据已经被视为未来社会发展的基础，几乎全部行业都能够在大数据分析的基础上获得经济效率的提升。这些行业包含电子商务、媒体营销、物流、企业服务、教育、汽车、金融科技等。

---

① Thomas M Bartol Jr. Nanoconnectomic upper bound on the variability of synaptic plasticity. eLife, 2015.

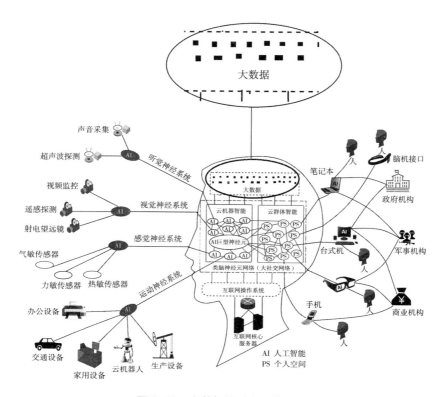

图 1.13 大数据的重点发育部位

当现实世界中的各种数据（包括经济数据、工业数据、政治数据、生活数据、军事数据和自然数据）大量涌入互联网大脑的存储系统时，与传统的搜索引擎百度、谷歌不同，一些前沿科技企业抓取海量的信息后，对这些数据进行关联分析，可以发现大量隐含的信息，这些信息将对政府、企业甚至军事部门产生重大价值。

帕兰提尔（Palantir）是一家典型的大数据服务公司，专注于对互联网明网和暗网数据的抓取、处理、挖掘和可视化分析，通过海量数据的整合处理，对特定的人、位置、实体和活动进行关联分析，最终使关系可视化，方便客户做出决策或判断。帕兰提尔最为人称道的案例有两个：一是在美国追捕本·拉登（Bin Laden）行动中，帕兰提尔扮演了重要的大数据情报分析角色；二是帕兰提尔协助多家银行追回了纳斯达克前主席麦道夫（Madoff）隐藏的数十亿美元巨款。①

　　根据监测，2017 年全球互联网数据的总量为 21.6 ZB，目前全球数据的增长率为每年 40% 左右。到 2022 年，全球大数据市场的规模将达到 800 亿美元，年均实现 15.37% 的增长。互联网采集、处理和积累的数据增长迅猛，大数据全产业市场规模逐步提升。②

　　2013 年，大数据在世界范围内被产业界和学术界广泛关注，这一年被称为大数据元年。一方面，大数据是互联网大脑在发育过程中必然形成的组成部分，是互联网各神经系统运转时的信息积累；另一方面，大数据的形成为人工智能的应用以及互联网大脑的智能提升奠定了不可或缺的基础。

2015 年人工智能重新兴起，激活互联网大脑的运转

　　随着互联网大脑各神经系统的发育，特别是大数据的形成，互联网大脑中各神经系统更有效、更智能地运转，就成为互联网大脑发育的一个重要需求，于是沉默近 20 年的人工智能技术终于迎来新的春天。

　　从 2014 年开始，人工智能逐渐成为科技领域最热门的概念，被科技界、企业界和媒体界广泛关注。作为一个学术领域，人工智能是在 1956 年夏季，以麦卡赛（Mecca Race）、明斯基（Minsky）、罗切斯特（Rochester）和申农（Shannon）等为首的一批有远见卓识的年

---

① 贾焰，周斌. 大数据分析技术发展迅猛，机遇挑战并存［J］. 信息通信技术，2016（6）.

② IDC. IDC 2017—2018 年大数据发展报告，2018.

轻科学家在一起聚会，共同研究和探讨用机器模拟智能的一系列有关问题时首次提出的。

事实上，人工智能的发展过程充满了坎坷，在过去的60年里，人工智能经历了多次从"乐观"到"悲观"、从高潮到低潮的发展阶段。最近一次低潮发生在1992年，日本第五代计算机计划无果而终，随后人工神经网络热潮在20世纪90年代初"退烧"，人工智能领域再次进入"AI之冬"。这个冬季如此寒冷与漫长，直到2006年加拿大多伦多大学的教授杰弗里·辛顿（Geoffrey Hinton）提出深度学习算法，情况才发生转变。

这个算法是对20世纪40年代诞生的人工神经网络理论的一次巧妙的升级，它最大的革新是可以有效地处理庞大的数据。这一特点幸运地与互联网结合，由此引发了2010年以来新的人工智能热潮。2011年，斯坦福的吴恩达（Andrew Ng）在谷歌建立了以深度学习为基础的谷歌大脑，吴恩达后来成为百度大脑的首席科学家。2013年，杰弗里·辛顿加入谷歌公司，其目的是把谷歌大脑的工作做得更为深入。

基于互联网海量的数据和初步发育成熟的互联网大脑视觉、听觉、躯体感觉、运动以及神经元网络等神经系统，人工智能与互联网联手进入新的智能时代。亚马逊、脸书、百度、腾讯、阿里巴巴、微软、英特尔、IBM等互联网巨头纷纷进入人工智能领域，新的成果不断产生，新的纪录不断被创造。

这一轮人工智能热潮本质上依然是互联网进化过程中的又一次波浪式高潮。它的爆发离不开互联网之前应用和技术的积累。人工智能的领导者，也以互联网科技公司为主，图1.14展示了人工智能的重点发育部位，除此之外，我们可以看到人工智能广泛分布在互联网大脑的各个部位。

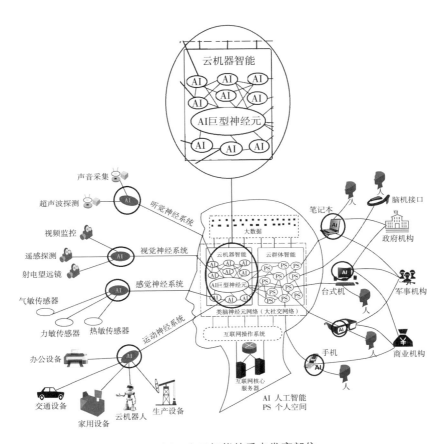

图1.14　人工智能的重点发育部位

在这一轮人工智能的爆发中，人工智能新技术和新应用不断与互联网结合，促进互联网大脑中各神经系统的发育和运转。

- 人工智能与互联网大脑听觉神经系统结合，促进诸如亚马逊的 Echo 以及科大讯飞、云知声等声音识别产品的开发。

- 人工智能与互联网大脑视觉神经系统结合，产生如格林深瞳（DeepGlint）、"脸书++"、商汤科技等图像识别公司和产品。

- 人工智能与互联网大脑运动神经系统结合，促进智能制造、

　　智能驾驶、云机器人等新领域企业的快速发展。

- 人工智能与互联网大脑神经网络（大社交网络）结合产生了度秘、小冰等智能虚拟助理产品。
- 人工智能与互联网大脑感觉神经系统的神经末梢结合，出现了边缘计算、智能传感器、人工智能手机、智能内容分发网络等创新技术和产品。
- 人工智能与互联网大数据结合，产生的创新应用企业分布更广泛，包括帕兰提尔、海云数据、斯普伦克（Splunk）等。

　　从互联网大脑模型看，人工智能并不是一个单一的技术应用。人工智能广泛分布在互联网大脑的各个部位，从底层的硬件、网络操作系统到传感器网络、云机器人，再到社交网络、大数据。无论是谷歌的智能机器人阿尔法围棋战胜人类围棋世界冠军，还是著名大数据公司帕兰提尔从互联网中收集大量数据，利用人工智能帮助非科技用户发现关键联系，并最终找到复杂问题的答案，都是人工智能与互联网结合的成果。

　　人工智能因互联网强大的计算能力和丰富的数据而获得巨大的发展动力。人工智能更为重要的贡献是极大地推动了互联网大脑云反射弧机制的启动和运转。我们知道，人类有感觉神经系统，可以感知温度、湿度，然后在大脑中枢神经系统的调节下通过运动神经系统操控肢体反应，这就是人的神经反射现象。

　　当互联网大脑的感觉神经系统、运动神经系统、中枢神经系统逐步成熟时，互联网大脑的神经反射现象也就产生了，我们称这一现象产生的机制为云反射弧。公安、企业、交通、政府、军事部门可以利用互联网的云反射弧机制处理原本要消耗很多人力的行业或产业问题。这样，人工智能与互联网结合激活的云反射弧就成为互联网真正

"活"过来的标志。①

　　人工智能的兴起，促进了 2016 年以来边缘计算的出现和兴起，边缘计算本质上可以看作互联网大脑的神经末梢，由于互联网连接的智能终端的数量越来越庞大，海量设备获取和传递的数据如果都需要上传到云端进行智能处理，将对网络带宽和云端中心形成巨大挑战。适度提升终端智能设备的计算能力、存储能力和智能程度，将使互联网大脑的运转和发育更为均衡。于是，互联网大脑的神经末梢因边缘计算的兴起得到发展。

　　边缘计算中的智能传感器和信息处理器在互联网大脑的神经末梢进行初步和简单的数据处理。它们的出现不是为了替代互联网大脑的中枢神经系统（云计算），而是与云计算互为备份，互为依托，增加整个互联网大脑的可靠性。

　　总体而言，在人工智能与互联网大规模结合之前，互联网大脑还处于半休眠和局部瘫痪的状态，人工智能激活了互联网大脑各个节点和各神经系统，使互联网大脑作为一个完整的神经系统开始运转起来，这就为 2018 年科技领域的类脑智能巨系统的兴起打下了基础。

2018 年阿里巴巴、360、腾讯、华为大脑涌现，互联网大脑初见雏形

　　2018 年伊始，在短短的 6 个月里，陆续涌现出腾讯超级大脑、浪潮企业大脑、360 安全大脑、阿里 ET 大脑、城市神经网络、上海城市大脑、滴滴交通大脑、Aibee（爱比）行业大脑、华为 EI 智能体、讯飞城市超脑等 10 多个类脑智能巨系统。在云计算、物联网、工业 4.0、大数据、人工智能之后，类脑智能巨系统正在成为科技的

————————

① 关于云反射弧，我们将在第六章进行详细介绍。

新热点。

　　总体上看，由于互联网大脑需要在很长的时间里不断完善，这个过程也许要持续数百年，而在成熟之前，互联网巨头会顺应科技的发展趋势，将自己的产品服务与互联网大脑的架构结合，构建自己的企业级类脑智能巨系统，然后展开更为激烈的竞争，以获得更大的竞争优势。

　　2018 年类脑智能巨系统的爆发说明，从 1969 年互联网诞生开始，经过近 50 年的发展，互联网大脑的架构终于掀起面纱，更为清晰地显现在人类面前。从 2012 年起，谷歌、IBM、亚马逊、百度、科大讯飞、阿里巴巴、腾讯、360、华为等大部分世界科技巨头提出了自己的大脑系统。下面我们将依照出现的先后顺序，介绍这些科技巨头的大脑系统，具体如图 1.15 所示。

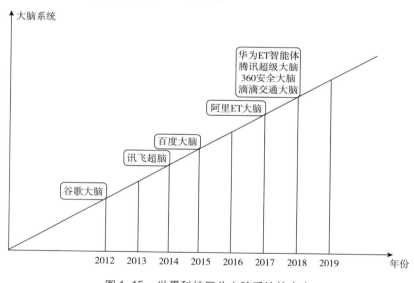

图 1.15　世界科技巨头大脑系统的产生

　　2011 年，谷歌顾问吴恩达与高级研究院迪恩（Dean）在谷歌 X 实验室建立项目——马文计划［Project Marvin，以 AI 先驱马文·明斯基（Marvin Minsky）命名]，用于研究模仿人类大脑结构的数字网络。到 2012 年，这个项目被正式称作谷歌大脑。① 谷歌是世界上第一个用大脑命名自己复杂智能巨系统的科技企业。物体识别系统"识别猫"让谷歌大脑闻名于世。在用 1.6 万片处理器创造的一个拥有 10 亿多条连接的神经网络的帮助下，谷歌大脑可以在没有科学家的帮助下识别出一张猫的脸。

2014 年，中国著名声音识别人工智能公司科大讯飞推出讯飞超脑，基于类人神经网络的认知智能引擎，赋予机器从能听会说到能理解会思考的能力，科大讯飞希望研发出第一个中文认知智能计算引擎。讯飞超脑计划是科大讯飞围绕语音识别技术，面向人工智能领域深度进发的一个非常重要的风向标，应用领域包括教育考试、智能客服、个人定制手机全能助理、机器智能健康医疗咨询。

2016 年 9 月 1 日，百度世界大会首次向外界全面展示百度人工智能的成果——百度大脑，并宣布对广大开发者、创业者及传统企业开放其核心功能和底层技术。2018 年 7 月，百度大脑 3.0 在百度 AI 开发者大会上正式推出。相对于 2016 年百度大脑 1.0 完成 20 种基础功能的搭建和开放工作，百度大脑 3.0 将开放 110 多项功能，AI 技术功能也在不断提升。目前，百度大脑每天的调用次数已超过 4 000 亿次，是 2016 年的 150 多倍。②

2017 年 12 月，阿里巴巴正式提出 ET 大脑，将 AI 技术、云计算、大数据与垂直领域的行业知识相结合，基于类脑神经元网络物理架构及模糊认知反演理论，实现从单点智能到多体智能的技术跨越，

① 刘寅斌，胡亚萍. 从谷歌大脑看人工智能在知识服务上的应用 [J]. 图书与情报，2017（6）.

② https：//baike. baidu. com/item/2018 百度 AI 开发者大会/22628496？fr = aladdin.

打造出具备多维感知、全局洞察、实时决策、持续进化等类脑认知能力的超级智能体。① 从定义上看，阿里 ET 大脑沿袭了互联网大脑自2008 年以来的框架定义，类脑神经元网络物理架构及模糊认知反演理论对应互联网大脑中的类脑神经元网络和云反射弧。

2018 年 5 月 16 日，在第二届世界智能大会上，360 集团董事长兼CEO（首席执行官）周鸿祎出席大会并发表了题为《建立"安全大脑"保卫智能时代》的演讲。在演讲中，周鸿祎首次提出了安全大脑的全新概念。他表示，安全大脑是一个分布式智能系统，综合利用大数据、人工智能、云计算、物联网智能感知、区块链等新技术，保护国家、国防、关键基础设施、社会及个人的网络安全。②

2018 年 5 月 23 日，在 2018 腾讯"云 + 未来"峰会上，马化腾发表主题为《智慧连接：云时代的创新与探索》的演讲，在这次演讲中，腾讯正式提出腾讯超级大脑。马化腾表示，腾讯希望在云时代通过连接，促成三张网的构建：一是人联网，二是物联网，三是智联网。其中，智联网就是腾讯超级大脑的基础。作为一套开放、共建的技术输出体系，腾讯超级大脑的定位为一个能够连接云端的智能操作系统，这其中既包括通过计算机图像、语音识别、传感器等感知技术来感知整个物理世界，也包括通过自然语言处理（NLP）、语音助手等相关技术帮助人与物理世界和计算机世界沟通。③

2018 年 6 月 26 日，在"AI 上有信仰的云——华为云中国行2018"首站活动上，华为宣布推出华为云 EI 智能体。具体来说，华为云 EI 智能体通过华为的智慧大脑系统、智能边缘平台、无处不在

---

① http：//www. sohu. com/a/211669341_452858.

② https：//baike. baidu. com/item/360 安全大脑/22594757？fr = aladdin.

③ http：//tech. 163. com/18/0524/15/DIJ48P PB00098IEO. html.

的连接和行业智慧，将物理世界的人与人、物与物、人与物的大数据综合分析、回传反馈作用于物理世界。这不仅基于历史的统计，还能实时感知、互动和优化，从而使智能世界真正成为现实。[①]

以上是对谷歌、科大讯飞、百度、阿里巴巴、腾讯、华为等世界科技巨头的类脑智能巨系统的简要介绍，虽然在名称上，它们都包含大脑，在定义和内涵上也大同小异，但每家科技企业的核心业务不同，它们的大脑系统由此呈现不同的企业特色。

其中，谷歌和百度是一个类型，它们基于自己的互联网大数据资源，与 AI 技术进行深度结合，形成数据驱动型的 AI 巨系统；科大讯飞、360 和华为是一个类型，它们的大脑系统有更强的业务特征，如讯飞超脑在语音方面的特色，360 安全大脑在安全方面的特色，华为 EI 智能体在通信领域的特色；阿里巴巴和腾讯是一个类型，它们基于自身在人类或企业的用户资源，通过庞大的类脑神经元网络将诸多创新服务应用到更广泛的场景中。

2019 年之后，智慧社会、混合智能和云反射弧将成为热点

2015 年，美国麻省理工学院（MIT）人类动力学实验室主任阿莱克斯·彭特兰（Alex Pentland）出版了《智慧社会：大数据与社会物理学》（*Social Physics How Good Ideas Spread – The Lessons from a New Science*）一书。2017 年 10 月 18 日，中共十九大在北京召开，十九大报告中提出：要贯彻新发展理念，建设现代化经济体系。突出技术创新，为智慧社会提供有力支撑。

智慧社会一经提出，即引起广泛关注。智慧社会是继农业社会、

---

① http://tech.163.com/18/0626/22/DL8RS9PG00097U7T.html.

工业社会、信息社会之后的一个新概念，是一种更为高级的社会形态，目前正伴随全球智能化的浪潮而到来，图 1.16 说明了互联网大脑与社会科学结合产生的新概念。

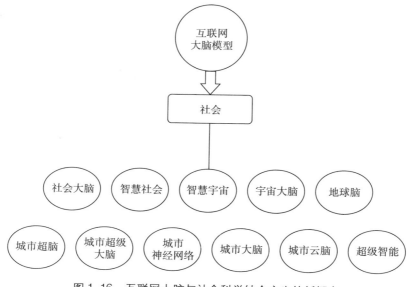

图 1.16　互联网大脑与社会科学结合产生的新概念

　　21 世纪以来，互联网的大脑化进程不断加速，各个神经系统不断发育成熟，互联网大脑的触角不断蔓延到人类社会的各个角落。互联网大脑的发育成熟为智慧社会的形成奠定了重要的技术和机制基础。

　　智慧社会的提出，是对以互联网为代表的前沿科技对人类社会深刻影响的一次总结，也是互联网发展到一定程度，向人类社会各个领域蔓延深入的结果。因此，建设智慧社会不能忽视互联网的发展趋势和进化规律。

　　互联网大脑将不断深度介入人类社会的管理，未来随着互联网大脑感觉神经系统、运动神经系统和中枢神经系统的不断发育，互联网大脑云反射弧机制逐步成熟，将对人类社会在交通、安全、建筑、旅游、娱乐等各方面的需求做出更快、更智能的反应。例如，快速发现火灾，启动灭火机器人去灭火；发现犯罪分子，通知警察在指定位置进行拦截；在节日期间，自动发现某一区域人口过于密集，提前进行预警，启动道路护栏，减少人员进入，并通知城市管理者介入。

2020 年之后，以互联网云群体智能和云机器智能为代表的两大智能在智慧社会的发展中不断融合和互补，形成互联网类脑巨系统的左右大脑架构，驱动智慧社会不断进化。这样，整个人类社会也会呈现出两个智能中心或左右大脑结构，这也可以看作智慧社会演变成社会大脑的根源。

由此，我们可以根据互联网大脑模型对智慧社会提出如下定义：智慧社会是整个人类社会因为互联网及其延伸产物（云计算、大数据、物联网、工业 4.0、云机器人、人工智能、边缘计算等）的爆发，形成的类脑巨系统架构驱动的社会组织模式，智慧社会依托互联网形成社会形态的类脑中枢神经系统、视觉神经系统、躯体感觉神经系统、听觉神经系统、运动神经系统、神经纤维、神经元网络和云反射弧等结构。智慧社会通过类脑神经元网络将社会各要素（包括但不限于人、AI 系统、生产资料、生产工具）和自然各要素（包括但不限于河流、山脉、动物、植物、太空）连接起来，通过云反射弧实现对世界的认知、判断、反馈和改造。

畅想未来，在伴随着互联网大脑的发育而不断成熟的智慧社会，我们的生活还会有哪些新的变化？一些科学家对 2100 年的生活进行了预测。①

第一个预测是有能上网的隐形眼镜。新式的隐形眼镜可以在眼前

---

① 张明亿. 颠覆世界的十大未来科技［J］. 青海科技，2017.

形成各种图像，这种眼镜的大部分材料是半透明的，人们可以戴着它自由活动。这种眼镜还将识别人的面部特征，并显示所见者的生平，还能将一种语言翻译成另一种语言，这样人们就可以看懂镜片上显示的字幕。这种直接与云端连接的智能隐形眼镜，也许会成为智能手机的一个有力竞争者。

第二个预测是在中风偏瘫患者的大脑中植入芯片，并将这个芯片同云端系统连接。科学家希望在未来研发出一个可以破解脑电波信号的电脑程序。从一大堆影像中识别出患者看到的特定影像将成为可能，而且仅通过检测其大脑的活动，就能够将这一影像还原，最终让中风偏瘫患者学会利用意念编辑电子邮件、玩视频游戏和上网。

第三个预测是无人汽车取代优步（Uber）、滴滴的出租车司机。我们在优步、滴滴软件上确定出发地和目的地，无人汽车自动行驶到乘客附近，然后根据卫星定位和城市大脑的综合判断，选择一条最优路径，携带乘客安全到达目的地。由于政府已经对无人汽车的行驶道路进行了特别规划，安全性将大幅提高。

第四个预测是用虚拟现实实现在火星聚会，虚拟现实技术与人工智能、移动通信、社交的结合将带领人类进入以前无法体验的场景里，像NASA（美国国家航空航天局）这样的机构已经发布了某种火星全景浏览器，用户可以直接"到"火星上进行太空探索。这也可以成为很好的社交方式，人们佩戴虚拟现实眼镜，与世界各地的新朋友"坐"在火星的高山之顶，仰望星空，进行交流。

无穷时间点之后，智慧宇宙或宇宙大脑或成为发育终点

人类的群体智能和机器的机器智能通过互联网大脑架构形成自然界前所未有的超级智能，这个超级智能以迅猛的速度发展着。1969

年，它由不超过 100 位的人类和不超过 10 台的计算机构成，到 2018
年，它连接了超过 40 亿的人类智能和超过 100 亿个传感器、智能终
端和云机器人形成的机器智能。

在 100 年、1 000 年、1 万年甚至无穷时间点之后，这个超级智
能体还会如何进化？从过去 50 年的发展规律看，这个以互联网大脑
架构为基础的超级智能至少会沿着 3 个方向进化，并最终形成智慧宇
宙和宇宙大脑（如图 1.17 所示）。

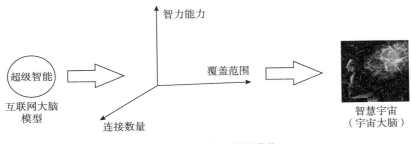

图 1.17 智慧宇宙的进化

第一个方向是智力不断提升，我们知道超级智能包括云群体智能
和云机器智能两部分：一方面，人类通过大社交网络技术相互连接，
数十亿的人类所释放的智力能量让我们难以想象；另一方面，联网的
云机器智能在人类的推动下不断迭代，将形成更为强大的 AI 智能体。
云机器智能与人类云群体智能相互融合，超级智能的智商将在未来的
时间里持续单调上升，并在无穷时间点达到无穷大。

第二个方向是连接元素的数量持续增长。超级智能通过互联网大
脑的神经末梢连接更多的人类成员、更多的智能设备、更多的自然界
元素，如树木、鱼类、鸟类、山脉、海洋、沙漠、彗星和行星。如果
时间到达无穷时间点，理论上互联网大脑的神经末梢可以将宇宙中的
每一个沙粒、每一个原子连接到这个超级智能体中。

第三个方向是覆盖空间范围不断扩张。2018 年，互联网大脑的

触角已经突破地球的限制，人类可以通过联网的天文望远镜透视遥远的太空，通过联网的月球车和火星车探索月球和火星。1977 年 9 月 5 日，美国宇航局研制的太空探测器旅行者 1 号升空，2014 年 9 月 13 日，旅行者 1 号成为第一个穿越太阳圈并进入星际介质的宇宙飞船。① 40 年来，它不断通过无线电信号与人类联系，可以设想伴随着人类探索宇宙的步伐，互联网大脑的触角必将冲出太阳系，向宇宙深处不断延伸，并在无穷时间点到达宇宙的每一个角落。

如果给予人类或者人类继承者无穷时间，我们可以看到互联网大脑这个超级智能体在智能上无限提高，在连接数量上无限扩大，在覆盖范围上无限延伸。也就是说，在无穷的时间点，以互联网大脑为基础的超级智能体必将进化成为一个宇宙大脑或智慧宇宙。这个结论不是科幻的想象，也不是哲学的远望，是根据目前互联网大脑发育 50 年后的特征自然推导出的技术结构。

外传：区块链，一次古老神经系统结构的反抗

自 2012 年以来，区块链和比特币逐渐成为世界特别是中国最热门的科技概念和应用领域。2008 年，神秘的中本聪（Satoshi Nakamoto）在密码学邮件组第一次提出区块链的概念，同时区块链也成为电子货币比特币的核心技术。在麦肯锡的一份报告中，区块链技术被看作继蒸汽机、电力、信息和互联网科技之后，最有潜力触发第五轮颠覆性革命浪潮的核心技术。另外，区块链技术产生的比特币、山寨币、ICO（首次代币发售）项目导致的大量诈骗活动也引发了社会的批判浪潮。区块链技术究竟是同电子邮箱、TCP/IP 协议、万维网、

---

① 尹怀勤．旅行者 1 号：首个进入星际空间的探测器［J］．太空探索，2018.

社交网络一样，是革命性的引领互联网未来的技术，还是一种被夸大的存在巨大缺陷的技术？

　　我们在前文中提到，伴随着谷歌、亚马逊、腾讯、阿里巴巴等商业巨头的快速发展，万维网 B/S 架构逐步在 21 世纪进化成为云计算，即互联网大脑的中枢神经系统，对人类的工作、生活、娱乐的影响越来越大，于是部分具有自由思想的互联网用户试图反抗这个趋势。就技术而言，区块链是将早已存在的对等式网络技术充分利用起来，希望每个互联网用户对自己的信息和应用保持控制权，并在互联网上拥有平等权利，进而瓦解互联网巨头和云计算的影响。

　　从生物神经系统近十亿年的进化看，区块链技术相当于一种古老的弥散性神经系统，在效率和存储能力上与后来诞生的中枢神经系统有巨大差距，如图 1.18 所示。因此我们的结论是，纯粹的区块链技术由于存在先天的不足，很可能只能作为互联网云计算架构的一种补充而无法成为主流。下面，我们就详细介绍区块链的来龙去脉以及其对互联网未来的意义。

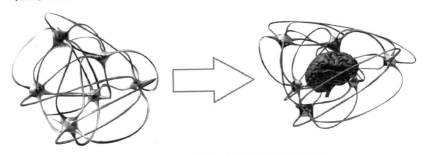

图 1.18　弥散性神经向中枢神经系统的进化

　　区块链应该是人类科学史上最异常和神秘的发明，因为除了区块链，到目前为止，现代科学史上还没有一项重大发明找不到发明人是谁。

　　2008 年 10 月 31 日，比特币创始人中本聪在密码学邮件组发表了一篇论文——《比特币：一种点对点的电子现金系统》(*Bitcoin：A Peer-to-Peer Electronic Cash System*)。在这篇论文中，作者声称发明了一套新的不受政府或机构控制的电子货币系统。区块链技术是比特币运行的基础。

论文的预印本地址是 http：//www. bitcoin. org/bitcoin. pdf，从学术角度看，这篇论文远不能算作合格的论文，文章的主体是由若干流程图和对应的解释文字构成的，学术定义和术语很少，论文格式也很不规范。

2009 年 1 月，中本聪在开源版本（SourceForge）网站发布了区块链的应用案例——比特币系统的开源软件。开源软件发布后，据说中本聪大约挖了 100 万个比特币。一周后，中本聪发送了 10 个比特币给密码学专家哈尔·芬尼（Hal Finney），这成为比特币史上的第一笔交易。[1]

2009 年到 2010 年年初，比特币毫无价值。在 2010 年开始交易的前半年，1 比特币的价格低于 14 美分。2010 年夏天，比特币交易开始进入黄金时期，由于供求量远小于需求量，网上交易价格开始上升。

2010 年 5 月 22 日，美国佛罗里达州一位名为拉兹罗·翰耶斯（Lazio Hines）的程序员在论坛上发帖称，想用 10 000 个比特币来换比萨吃。结果真的有人拿出两张价值 25 美元的棒约翰比萨券跟他交换。这笔交易使比特币世界的第一个公允价格诞生了。人们为了纪念这一历史性时刻，把 5 月 22 日定为比特币比萨日。

2017 年 12 月 6 日，比特币的人民币价格飙升至 79 729 元，而国际市场上的价格也基本稳定在 11 000 美元以上。很多人对用 10 000

---

① 曹正军. 漫谈比特币和区块链. blog. sciencenet. cn/blog-3224443-1110626. html，2018.

个比特币购买比萨的程序员表示哀叹，称其为"史上最贵吃货"，肯定"肠子都悔青了"，因为当时 10 000 个比特币只换了 25 美元。

伴随着比特币的蓬勃发展，有关区块链技术的研究也开始呈井喷式增长。向大众完整、清晰地解释区块链的确是一件困难的事情，我们以比特币为例，尽量深入浅出地介绍区块链的技术特征，同时也会从神经系统的发育角度看待比特币在互联网大脑中的地位和未来趋势。

区块链是一种 P2P 的软件应用。21 世纪初，互联网形成了两大类型的应用架构，中心化的 B/S 架构和无中心的 P2P 架构，阿里巴巴、新浪、亚马逊和百度等互联网巨头采用中心化的 B/S 架构。简单地说，B/S 架构就是数据被放在巨型服务器中，普通用户通过手机、个人电脑访问阿里巴巴、新浪等网站的服务器。

自 21 世纪初以来，出现了很多自由分享音乐、视频、论文资料的应用，它们大部分采用的是 P2P 架构，即没有中心服务器，用户的个人计算机既是服务器，也是客户机，身份平等，如图 1.19 所示。但这类应用一直没有流行起来，主要原因是资源消耗大、知识版权有问题等，区块链就是这一领域中的一种技术。

区块链是一种全网信息同步的 P2P 技术，对等网络也有很多应用方式，很多时候，并不要求每台计算机都保持信息一致，大家只存储自己需要的信息，需要时再到别的计算机去下载。

但是，区块链为了支持比特币的金融交易，要求发生的每一笔交易都写入历史交易记录中，并向所有安装比特币软件的计算机发送变动信息。每一台安装了比特币软件的计算机都储存着最新的全部比特币历史交易信息，区块链全网同步、全网备份的特征就是区块链信息安全、不可更改的来源。实际上，虽然这依然不是绝对的安全，但当用户量非常大时，其的确在防范信息被篡改上有一定的优势。

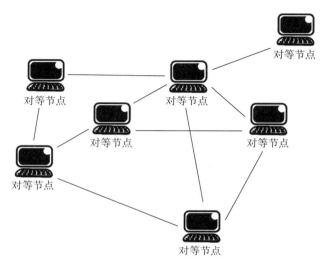

图 1.19　对等网络架构

区块链是一种利用哈希（Hash）算法产生通证的全网信息同步的 P2P 技术。区块链的第一个应用是著名的比特币，讨论比特币时，人们经常会提到一个名词——挖矿，那么挖矿到底是什么呢？

形象的比喻是，区块链程序给矿工（游戏者）256 个硬币，编号分别为 1，2，3，…，256，每进行一次哈希运算，就像抛一次硬币，256 枚硬币同时抛出，落地后如果编号排前 70 的硬币全部正面朝上，矿工就可以把这个数字告诉区块链程序，区块链程序会奖励 50 个比特币给矿工。

从软件程序的角度看，比特币的挖矿就是用哈希 SHA256 函数构建的数学小游戏。区块链在这个小游戏中首先规定了一种获奖模式：给出一个 256 位的哈希数，但这个哈希数的后 70 位全部是 0，然后，游戏者（矿工）不断输入各种数字给哈希 SHA256 函数，看用这个函数能不能产生有 70 个 0 的数字，找到一个，区块链程序会奖励 50 个比特币给游戏者（矿工）。实际的挖坑和奖励要更复杂，但上面的举例表述了挖矿和获得比特币的核心过程。

在 2009 年比特币诞生的时候，每笔赏金是 50 个比特币。诞生 10 分钟后，第一批 50 个比特币生成了，而此时的货币总量就是 50。随后比特币以每 10 分钟约 50 个的速度增长。当总量达到 1 050 万（2 100万的 50%）个时，赏金减半为 25 个。当总量达到 1 575 万（新产出 525 万，即 1050 的 50%）个时，赏金再减半为 12.5 个。根据比特币程序的设计，比特币的总额是 2 100 万个。

从上述介绍看，比特币的挖掘可以被看作一个基于 P2P 架构的猜数小游戏，每次正确的猜数结果奖励的比特币信息会传递给所有游戏者，并记录到每个游戏者的历史数据库中。

我们在前面关于 TCP/IP 协议的介绍中提到，区块链与浏览器、QQ、微信、网络游戏软件、手机 App 等一样，是互联网顶层——应用层的一种软件应用。它的运行依然要靠 TCP/IP 协议的架构体系传输数据，只是与大部分应用层软件不同，它没有采用 B/S 的中心软件架构，而采用了不常见的 P2P 架构，从这一点来说，区块链并不能颠覆互联网的基础结构，它试图颠覆的其实是 1991 年诞生的万维网的 B/S 架构。

由于 1991 年欧洲物理学家伯纳斯·李发明万维网并放弃申请专利，此后近 30 年中，谷歌、亚马逊、脸书、阿里巴巴、百度、腾讯等公司利用万维网的 B/S 架构，成长为互联网巨头。在这些互联网巨头的总部，它们建立了功能强大的中心服务器集群，存放海量数据，上亿用户从中心服务器中获取自己需要的数据，这也导致后来云计算的出现，而后互联网巨头把自己没有用完的中心服务器资源开放出来，进一步吸取企业、政府和个人的数据。中心化的互联网巨头对世界、国家和互联网用户的影响越来越大。

区块链的目标是通过把数据分散到每个互联网用户的计算机上，

试图降低互联网巨头的影响，由此可见，区块链真正的对手和想要颠覆的对象是 1990 年诞生的 B/S 结构。但能不能颠覆，需要看区块链是否有技术瓶颈。

区块链的技术缺陷首先来自它的 P2P 架构，举个例子，目前淘宝应用的是 B/S 架构，海量的数据存放在淘宝服务器集群里，几亿消费者通过浏览器从淘宝服务器获取最新信息和历史信息。

如果淘宝应用区块链技术，那么就会让几亿人的个人电脑或手机都保留一份完整的淘宝数据库，每发生一笔交易，就同步给其他几亿用户。这在现实中是完全无法实现的。传输和存储的数据量太大，相当于同时建立几亿个淘宝网站。

因此，区块链无法应用到数据量大的项目上，甚至小一点的网站项目应用区块链技术也会感到吃力。到 2018 年，比特币运行了近 10 年，积累的交易数据已经让整个系统面临崩溃。

于是，区块链采用了很多变通的方式，如建立中继节点和闪电节点，这两个概念同样会让人一头雾水，通俗地说就是，区块链会向它要颠覆的对象 B/S 架构学习，建立数据服务器中心作为区块链的中继节点，也用类浏览器的终端访问，这就是区块链的闪电节点。

这种变化能够弥补区块链的技术缺陷，但让区块链变成它反对的对象的样子：中心化。由此可见，单纯的区块链技术由于有重大缺陷，无法像万维网一样广泛应用，如果技术升级，部分采用 B/S 架构，又会使区块链有了中心化的信息节点。

通过近 20 年的发展，依托万维网的 B/S 架构，腾讯 QQ 和微信、脸书、微博、推特、亚马逊等已经发展出类中枢神经系统的架构。互联网巨头通过中心服务器集群的软件升级，不断优化数亿台终端的软件版本。在神经学的体系中，这是一种标准的中枢神经结构。

区块链的诞生提供了另外一种神经元模式，不在巨头的集中服务器中统一管理数据信息，而是使每台终端，包括个人计算机和个人手机成为独立的神经元节点，保留独立的数据空间，信息相互同步，在神经学的体系中，这是一种没有中心、多神经节点的分布式神经结构。

有趣的是，在神经系统的发育过程中，出现过这两种不同类型的神经结构。在低等生物中，出现过类区块链的神经结构——弥散性神经系统，这种生物有多个功能相同的神经节，都可以指挥身体活动和做出反应，但随着生物的进化，这些神经节逐步合并，当进化成为高等生物时，中枢神经系统出现了，中枢神经系统中包含大量进行交互的神经元。由此可见，区块链和比特币的应用算是一种古老神经系统的复苏，试图反抗日趋中心化的互联网中枢神经系统。

但区块链并不是落后和无用的技术，而是有特定甚至关键的用途，如在大规模选举投票、对 B/S 架构巨头的监管投票等领域，有不可替代的用处。但在更多时候，区块链技术会依附于万维网的 B/S 架构，实现功能的扩展，总体依然属于互联网已有技术的补充。区块链目前设想的绝大部分应用场景，都可以通过 B/S 架构实现，效率可以更高，技术也可以更成熟。

无论是从信息传递效率和资源消耗的角度看，还是从神经系统进化的角度看，区块链很可能无法成为互联网的主流架构，也无法成为未来互联网的颠覆者和革命者。

但这不意味着谷歌、亚马逊、脸书等世界互联网巨头目前的垄断没有问题。全人类的数据、信息、服务、行踪、情绪、隐私和知识财富被少数几家公司控制，整个人类社会的中枢神经系统被这样的组织形式掌控，明显会引发越来越大的反弹。

这是人类历史上从没有出现过的企业形式，与工业时代的科技巨头不同，谷歌、亚马逊、脸书等互联网巨头因为其跨地域、跨行业、跨国家的特征，很难被拆分。

总体有三个结论：互联网大脑神经中枢化符合历史趋势；人类逐渐意识到不能让自己的神经中枢被少数人或公司掌控；互联网巨头很难或无法被拆分。

这三个结论似乎是一个死结。如果去中心化不是互联网的未来架构，那么唯一的解决方案似乎就是人类社会逐步共同拥有这些互联网巨头的股权，将其彻底地基础设施化。

去中心化的区块链技术也许会在那时发挥真正的价值，对人类社会共同的互联网巨头进行监控和监督，也就是说，在需要对社交网络、搜索引擎、电子商务等巨头的重大事项进行投票时，区块链技术是最佳的选择。因为这是防止投票被大规模控制的唯一方式。

在未来人类社会的科技格局中，去中心化技术是权高而位轻，中心化技术和巨头是位高而权轻。它们的互补将使互联网稳健、灵活地发展，理清它们的关系也许可以避免误判带来的重大损失。

第二章 ‖ 10 条规则：互联网大脑如何影响科技企业的命运

导语："看不见的手"是经济学领域的一个重要概念，同样，在互联网大脑的形成过程中也存在一只"看不见的手"，这只手对过去 50 年的科技企业和科技创新有着巨大的影响。我们总结了 10 条规则，并以腾讯、脸书、阿里巴巴、谷歌、百度、科大讯飞、商汤科技、猪八戒网、知乎、沃民高科、华为、通用电气、海尔、滴滴等公司作为案例，分析互联网大脑是如何影响科技企业的未来命运的。

"看不见的手"与 10 条规则的总结

伟大的雕塑家米开朗琪罗（Michelangelo）曾经说："人像本来就在那里，雕塑家只不过是从一块石头里把它解放出来。"如果按照米开朗琪罗的方式来说明互联网大脑的产生，那么就是："互联网大脑模型原本就在那里，人类只不过是从未来的时间里把它解放出来。"

从 20 世纪 90 年代开始，数千家互联网企业进行了激烈的竞争，极大地推动了互联网的发展，令人眼花缭乱的科技进步往往会让我们感到困惑，谷歌、脸书、亚马逊、阿里巴巴、腾讯等互联网企业为什么发展如此迅速，进而成为世界范围内难以撼动的科技巨头？科大讯飞、商汤科技、安谋国际、帕兰提尔等新兴科技企业如何面对巨头的激烈竞争？通用电气、海尔、格力、西门子（Siemens）、三菱（Mitsubishi）等传统制造业巨头如何在物联网、云计算、大数据和人工智能等一轮轮科技浪潮中找准自己的位置？

"看不见的手"像幽灵一样存在于人类社会的发展过程中，时隐时现，在亚当·斯密（Adam Smith）的《国富论》（*The Wealth of Nations*）中，"看不见的手"推动了经济的发展；在达尔文的进化论中，"看不见的手"推动了生物的自然选择；同样，在互联网的进化过程中，"看不见的手"也起了重要作用，如图 2.1 所示。

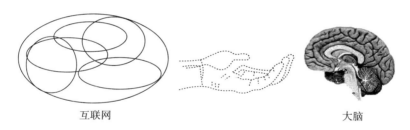

互联网   大脑

图 2.1 互联网进化与"看不见的手"

如果我们对过去 50 年，特别是过去 20 年的前沿科技进行梳理，就会发现，互联网大脑的形成并不是杂乱无章的，而是有很强的规律性，我们总结出若干条规则，阐述"看不见的手"对人类商业、科技、文化和政治的具体影响，这些规则并不是对未来科技的规划，而是对一种自然进化现象的总结。如果这种总结是正确的，那么无论我们是否意识到它们的存在，21 世纪的前沿科技都会受到这只"看不见的手"的牵引。

下面我们重点介绍其中的 10 条规则，对这些规则的研究和运用，将会对我们探索科学新领域、设计科技商业模式、规划政府科技政策、筛选风险投资优质项目等有很好的启发作用。

规则1：是否顺应互联网大脑的发育趋势，决定科技企业的兴衰

互联网从1969年的4台联网计算机发展到2018年的类脑架构，这个过程中有很多创新技术涌现后又被淘汰，无数创业公司诞生后又死亡，但互联网从不完善的网络架构向成熟类脑模型进化的步伐，一直坚定且不可阻挡。

我们在之前的研究中已经提出互联网进化的若干规律，如不断增加人脑与互联网连接时间的连接规律；互联网中的计算机、通信线路甚至连接的人类大脑的运算速度不断加快的加速定律；不断从分裂的商业形态走向产业整合的统一定律；进入互联网虚拟世界时不断提升身份验证水平的信用定律；互联网覆盖范围从实验室到整个地球甚至太空的膨胀定律等。

从过去50年的发展历程看，那些顺应这一趋势的企业，在互联网大脑中占据更有利的位置，获得更强的竞争优势。而那些处于过渡阶段或不利位置的企业就容易被淘汰。

智能手机领域的诺基亚是一个典型的例子。诺基亚曾经引领了手机行业的高度，2008年，它的市场份额高达40%，这对其他任何手机厂商而言都是遥不可及的数字。但其后来没有顺应互联网进化过程中的连接定律，忽视了人类对快速高效、不分地域地进入互联网的需求，在2013年因经营不善被微软收购。

诺基亚具有持续创新的基因，从1865年诞生之初的木材、橡胶制造商，转行成为手机行业的领头羊。从1996年开始，在长达14年的时间里，诺基亚一直是世界手机行业的龙头。它的每一次转变都让

人刮目相看。但在最后一次转型中，诺基亚没有成功，失败的重要原因是其没有重视互联网的连接规律带来的生态变化。

转折发生在 2008 年，这一年，美国苹果公司的掌门人乔布斯在苹果全球开发者大会上正式发布苹果 3G 手机。同样在这一年，谷歌正式发布智能手机操作系统安卓 1.0。这两个事件吹响了有线互联网向移动互联网进化的号角，也间接促进互联网大脑的神经纤维从电话线、同轴电缆向 3G、4G、5G 等移动通信技术的发育。

从那一刻开始，手机的内涵悄然发生变化，从以打电话为主的功能手机向连接互联网的移动电脑转换。从此，人类可以不受时间和地点的限制，便捷地连入互联网，可以浏览丰富的互联网内容，享用强大的互联网应用，如定位、购物、游戏、社交等。

互联网生态的变化速度，远远超过了诺基亚的想象。诺基亚在 2G 时代稳固的地位，使其在智能手机的开发上犹豫不决。在诺基亚看来，手机的主要用途就是通话，其没有意识到，用户已开始逐渐利用手机查看电子邮件、寻找餐馆并更新推特。

应该说，苹果、谷歌、三星甚至之后的华为、小米等都抓住了这个转折期的重大机遇。但诺基亚多次误判科技的未来趋势，浪费了时代给予的一次次补救机会。

2008 年 12 月，诺基亚全资收购由众多手机厂商持股的塞班公司（Symbisexualan Limited），想组建以诺基亚为核心的塞班联合组织，打造一个史上最强的智能手机操作平台。但由于塞班系统先天的缺陷和诺基亚对移动智能手机时代认识的不足，2009 年年底，包括摩托罗拉、三星、LG 在内的各大厂商纷纷宣布终止塞班平台的研发，转而投向谷歌的安卓系统。诺基亚在此后的几年里，一直在塞班系统、MeeGo（米果）系统和微软的 WP（Windows Phone）之间摇摆不定，丧失了最后的机会。①

诺基亚从此被"看不见的手"从时代的火车头中直接扔出了车外。2011 年，诺基亚手机在销量上被苹果、三星超越，2013 年，曾经的手机巨头被微软收购，在 2016 年又被甩卖给富士康。

BBS 是互联网大脑发育过程中兴起和衰落的另一个典型。BBS 面临的主要是互联网统一定律带来的压力，由于互联网要形成完整的类脑结构，而类脑神经元网络是这个架构的核心，BBS 是类脑神经元网络前期的过渡产品，那些不能顺应趋势做出改变的 BBS 运营企业就衰落了下去。

20 世纪 90 年代，万维网诞生后，BBS 是世界范围内互联网用户最多的交流平台。在中国，三大门户网站新浪、搜狐和网易都起源于 20 世纪 90 年代的 BBS。天涯、猫扑在 21 世纪初是互联网中最有声望的社区网站。

但在 2010 年之后，各大 BBS 网站纷纷关闭。2017 年，搜狐论坛发布停止服务的公告："我们万分不舍却又不得不遗憾地通知大家，搜狐社区将于 2017 年 4 月 20 日正式停止服务。"2012 年网易论坛关闭时，有人就曾预测中国的 BBS 网站五年内必定关停大半，到 2018 年，西祠胡同、猫扑等社区逐渐沉沦，即便是曾经的 BBS 霸主——天涯社区，也面临着用户流失、内容稀缺等困境。

从互联网大脑的发育看，BBS 的衰落是必然的。在 20 世纪 90 年代，BBS 网站承载了互联网大部分的信息，但这些信息是杂乱无章的，仿佛地球早期的"原汤海洋"。21 世纪早期博客的兴起，解决了互联网虚拟世界个人角色缺失的问题。在互联网虚拟世界中，人的角

---

① 施光耀，魏媛娜. 商业模式决定企业兴衰——从"富士"和"苹果"公司谈起 [J]. 资本市场，2012.

色出现后，它们之间的交互就具有了现实世界中人类社会的社交属性，并最终成为社交网络或者互联网神经元网络的基础。

也就是说，BBS 只是在互联网大脑发育过程中由神经元网络产生的过渡产物。当互联网的大部分用户和信息迁移到社交网络时，BBS 的历史使命就完成了，那些顺应这一趋势的企业获得了竞争优势。例如，中国三大门户网站之一的新浪在过去 20 年中实现了从新浪 BBS 到新浪博客，再到新浪微博的成功跨越，而网易 BBS、搜狐 BBS、天涯、猫扑以及更多专业 BBS 网站没有顺应互联网大脑的发育轨迹，逐渐被"看不见的手"淘汰。

规则 2：占据互联网类脑神经元网络才能获得最大的竞争优势

腾讯和脸书可以说是世界范围内用户最广泛的互联网企业。在中国，我们的日常生活几乎离不开腾讯的应用和服务。围绕着微信和 QQ 的关系链，腾讯将公众号、移动支付、电商、小程序、小游戏等众多服务集于一体，把超过 10 亿的用户紧紧地圈在社交网络的城池中。据统计，中国的互联网用户将超过 30% 的时间消耗在腾讯的社交网络产品中。

腾讯 2018 年第一季度财报显示，腾讯第一季度的净利润为 232.9 亿元，同比增长 61%，在这个季度，微信的全球活跃用户数超过了 10 亿，在 2017 年年末，腾讯市值首度突破 5 000 亿美元，约合 5 107 亿美元，远远超出了市场的预期。[1]

脸书 2017 年的财报显示，脸书平台月活跃用户数已经超过 20 亿，稍少于全球人口的 1/3，营收和利润继续双双超出此前的市场预

---

[1] https：//tech. sina. com. cn/i/2018－05－16/doc－iharvfht9098995. shtml.

期，其中利润达 38.9 亿美元，同比增长 69%。在第二季度财报公布之后，这一世界社交巨头的市值超过了 5 000 亿美元。

在世界科技竞争异常激烈的环境下，不断有科技巨头衰落和折戟，但腾讯和脸书经历了近 20 年的发展后，在营收、利润和市值上的增长速度依然堪比一家初创公司。这背后的原因就在于，它们在互联网大脑中占据了有优势的位置。

神经元和神经元网络是生物大脑中最基础也最重要的组织架构。相对应地，在互联网大脑中，类脑神经元网络的建设也一直是互联网大脑中最重要的领域之一，它担负了连接世界范围内的人、物、系统和数据的功能。过去 20 年，互联网大脑神经元网络的发育正是由腾讯和脸书等社交网络型企业承担的。在激烈的竞争中存活下来的腾讯和脸书由此获得了"看不见的手"给予的巨大奖励，腾讯、脸书在互联网大脑中的位置用五角星标记，如图 2.2 所示。

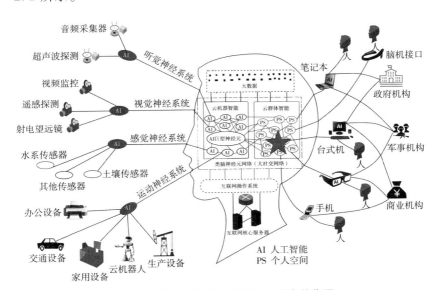

图 2.2　腾讯、脸书在互联网大脑中的位置

腾讯和脸书的决策者也许并没有利用互联网大脑模型进行决策，但在近 20 年的发展过程中，他们做出的重要决定，无一不符合互联网大脑的进化规律。

腾讯和脸书不断扩张互联网神经元网络的建设，在连接全社会的人类后，也尽可能向其他领域扩展，从人与人的社交平台，发展成为人与人、人与物、物与物的大社交平台。这是腾讯、脸书等神经元网络型企业在业务上不断发展壮大，在市值上不断单调递增的最根本原因。

2015 年，微信硬件平台是微信在连接人、连接企业之后，推出的连接硬件设备的物联网解决方案。用户可以通过公众号查看和控制自己的手环、电视、空调和其他智能家电等。这样，腾讯就实现了从社交网络向物联网、大数据、人工智能、云计算、AR/VR（增强现实技术/虚拟现实技术）和机器人等领域的扩展，逐步形成大社交网络的技术基础。

与腾讯相同，脸书在占领了互联网大脑的右大脑 - 云群体智能之后，也积极向大社交网络拓展。2015 年，脸书在 F8 开发者大会期间推出了一套全新的开发者工具 Parse，这一开发平台上的物联网 SDK（软件开发工具包）可以打造让用户通过脸书账户远程控制的车库门遥控开关和恒温计等智能设备。①

规则 3：保持互联网左右大脑平衡是科技企业发展的必经之路

阿里巴巴是世界电子商务领域的著名企业，应该说，阿里巴巴自诞生之日起也是一个社交网站或神经元网络型企业。与腾讯和脸书不

---

① Facebook. Facebook 全力进军物联网　推出新开发者工具 . F8 开发者大会，2015.

同，阿里巴巴通过商业交易形成社交网站。阿里巴巴后来产生的重量级产品，如支付宝、芝麻信用和钉钉，全部与其商业社交属性有关。因此可以看出，阿里巴巴在一开始就具备了互联网类脑神经元网络的特征。

到2018年，阿里巴巴的各产品线使用用户已经超过7亿，市值超过4 895亿美元，成为世界范围内排名第六的互联网公司，从互联网大脑的发展角度看，阿里巴巴同样占据互联网大脑中的优势位置：互联网神经元网络的构建。

与腾讯不同，阿里巴巴并没有占据整个神经元网络，而是占据了以商业交易、企业沟通为主的神经元网络，具体位置用五角星标记（如图2.3所示）。这一特点一方面为阿里巴巴开拓互联网的左大脑－云机器智能提供了机遇，但另一方面也给阿里巴巴参与竞争带来制约。

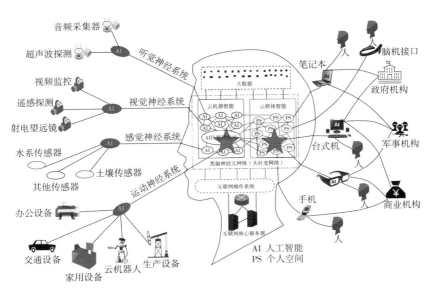

图2.3 阿里巴巴在互联网大脑中的位置

阿里巴巴基于庞大的企业资源，通过阿里云、物联网重点发力，已经在互联网的左大脑－云机器智能领域形成较为明显的竞争优势。阿里云创立于2009年，到2017年，在中国公有云基础设施即服务市场厂商份额排行榜中，阿里云位居榜首，市场份额达45.5%，腾讯云排名第二，市场份额为10.3%。[①]

阿里巴巴于2017年年底正式推出包括ET大脑、阿里城市大脑、工业大脑、农业大脑在内的类脑智能巨系统，并将成果不断应用到阿里巴巴的神经元网络触及的地方，推动智慧企业、智慧城市和智慧社会的智能化发展。阿里巴巴的这些举动使其在互联网左大脑－云机器智能中占据了较为明显的优势。

但在互联网右大脑的争夺上，阿里巴巴的商业特征带来了明显的不利影响。腾讯通过社交网络拥有超过10亿的互联网用户，覆盖面远远大于阿里巴巴，这里面也包含了大量的企业家和私营业主。因此，腾讯比较容易从消费互联网切入商业社交或产业互联网，当阿里巴巴希望从商业社交进入以生活、娱乐、学习为主的互联网右大脑时，受到的竞争阻力明显加大。

来往是阿里巴巴于2013年9月推出的即时通信软件，诞生之初受到阿里巴巴的大力推动，目标是颠覆QQ或微信。但腾讯的微信和QQ用户在这一年的总数已经突破10亿，形成了稳固的关系链，阿里巴巴尽管采取了多种举措，但依然没有动摇微信和QQ的地位。到2015年年底，阿里巴巴的来往悄然改名为点点虫，标志着这个项目以失败告终。

应该说，阿里巴巴已经意识到这个问题。在来往这个社交网络产品失败后，阿里巴巴重点打造了钉钉等工作社交平台，将支付宝社交化，投资微博、陌陌等，向全局性的社交网络扩展，以在未来获得更

---

① IDC. 2017年世界云计算发展报告，2017.

大的竞争优势。阿里巴巴能否成功向互联网的右大脑扩张，将决定其与腾讯未来的竞争关系。

　　追求互联网左右大脑平衡的也包括腾讯。2018 年 9 月 30 日，腾讯宣布成立云与智慧产业事业群，将聚合腾讯公司在各个相关领域的优势，整合腾讯云、智慧零售、安全产品、腾讯地图、优图等核心产品线，帮助医疗、教育、交通、制造业、能源等行业向产业互联网转型。具体参见图 2.4 中的星星及箭头。①

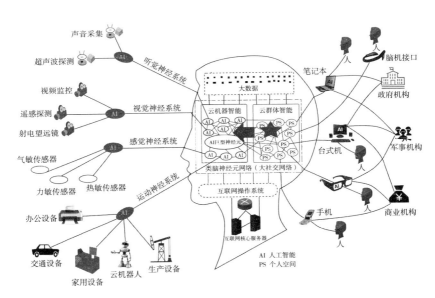

图 2.4　腾讯 2018 年的组织变革

　　从互联网大脑模型看，腾讯本次调整是在互联网架构发生重大变化的情况下所做的适应性调整。在过去的 20 年里，腾讯通过 QQ、微信等社交网络在互联网的右大脑－云群体智能中占据了明显优势。但在互联网的左大脑－云机器智能上，与阿里巴巴相比，腾讯不占优势。

①　腾讯. 腾讯架构调整：成立云与智慧产业事业群. 新浪科技, 2018.

与阿里巴巴一直希望通过来往、钉钉等产品向互联网右大脑－云群体智能渗透一样，这次腾讯组织结构的重大变化，也可以看作腾讯开始重点培养互联网左大脑势力的信号。

规则4：互联网大脑运动和感觉神经企业应解决单一生态问题

互联网大脑的运动神经系统是互联网大脑中对现实世界影响最大、覆盖范围最广的一个领域，它的构成元素涵盖了云机器人、智能汽车、无人机、3D打印、智能制造、智慧工厂、智慧家庭和无人商店等。

人类随着互联网大脑中运动神经系统的发育，实现对现实世界更大的改造，同时由于互联网大脑运动神经系统直接作用于人类社会的方方面面，一旦人工智能或相关程序出现问题，带来的危害远比其他神经系统更严重。

互联网大脑的运动神经系统涉及的企业很多，海尔、格力、美的、九阳、海信等属于智能家电领域的巨头；通用电气、三一重工、西门子、三菱、波音等属于智能制造领域的巨头；安川（YASKA-WA）、库卡（KUKA）、发那科（FANUC）、优必选、新松、达闼科技等属于机器人领域的知名公司。

对于感觉神经系统，德国实验心理学家赤瑞特拉（Treicher）做过两个著名的心理实验，其中一个关于人类获取信息到底主要通过哪些途径。他通过大量的实验证实：人类获取的信息83%来自视觉，11%来自听觉，3.5%来自嗅觉，1.5%来自触觉，还有1%来自味觉。作为大脑中最重要的两个信息输入通道，听觉神经系统和视觉神经系统必然也是互联网大脑模型中的重要组成部分。[①]

---

① 李子明，野庆文，郑明权．多媒体与物理课堂教学的整合［J］．物理通报，2005.

在过去20年中，互联网大脑的听觉神经系统与视觉神经系统中涌现出诸多独角兽或上市公司。在互联网大脑听觉神经系统中，著名的公司有科大讯飞、云知声、思必驰、声智科技、出门问问、纽昂斯（Nuance）、苹果、谷歌、百度语音等。在互联网大脑视觉神经系统中，著名的公司有商汤科技、旷视科技、云从科技、格林深瞳、诺亦腾、图普科技、英特罗、OrCam等。商汤科技与科大讯飞在互联网大脑中的位置如图2.5所示。

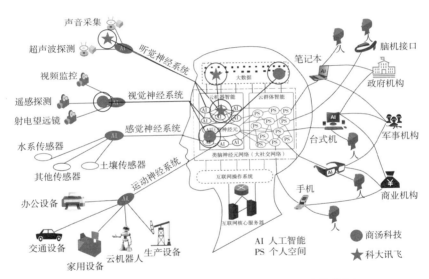

图2.5　商汤科技与科大讯飞在互联网大脑中的位置

从互联网大脑模型图可以看出，科大讯飞和商汤科技等公司处于重要的听觉或视觉神经系统部位。但也可以看出，与腾讯、脸书、谷歌、百度、阿里巴巴、亚马逊等占据互联网大脑优势位置的公司相比，商汤科技和科大讯飞显示出生态单薄的特征。

自2010年以来，谷歌、亚马逊、腾讯、百度、阿里巴巴等公司依托自己的数据资源，成立了声音识别、图像识别实验室，也取得了很多不凡的成果，当它们把这些成果融入互联网大脑的生态环境中，就会给商汤科技、科大讯飞等垂直领域企业带来巨大压力。

我们以著名的声音识别 AI 公司——科大讯飞为例，介绍互联网大脑运动和感觉神经系统的发育特点和相关企业面临的压力。科大讯飞是中国在语音识别领域最资深的公司之一，总部在合肥，成立于 1999 年 12 月 30 日，从事智能语音及语言技术研究、软件及芯片产品开发、语音信息服务及电子政务系统集成，拥有灵犀语音助手和讯飞输入法等优秀产品。2006 年，其成为第一家语音识别领域的上市公司。

近 20 年的技术积累为科大讯飞暂时构筑"壁垒"，但在互联网大脑生态不断被以 BAT 为代表的生态型企业侵占后，这个"壁垒"不断被打破。

BAT 本来是科大讯飞的客户，但如今它们都开始使用自己的语音技术并向其他企业扩展。例如，腾讯 QQ 自 2006 年开始一直是科大讯飞的客户，但目前所有语音端都开始采用腾讯自己研发的技术；阿里巴巴的淘宝、支付宝、天猫精灵、优酷、虾米音乐也开始应用阿里巴巴自己的语音技术；百度更是如此，其人工智能的两翼之一 DuerOS 平台直接将语音识别技术免费开放，深入手机、智能电视、影音娱乐、出行、O2O（线上到线下）、翻译、教育等各个细分场景。

对科大讯飞来说，智能手机曾是其 AI 语音技术的重要载体。以国内智能手机每年超过 4 亿部的出货量来看，其无疑是智能语音技术应用中单一体量最大的终端。但在 2017 年，华为、小米和高通与百度达成全面战略伙伴关系[1]，这是因为智能手机厂商已经不满足于单

---

[1] http://www.sohu.com/a/212607411_104421.

一硬件销售的收入模式，它们更期待在后续的应用和服务上有所突破。

腾讯、阿里巴巴、百度在资讯流上已经形成从内容生产到变现的成熟体系，既能帮助手机厂商提升用户体验、活跃度和黏性，同时又能带来可观的广告收入。从这一维度看，科大讯飞面临着BAT越来越大的竞争压力，其优势会大幅度减弱。

从科大讯飞的危机中我们可以看出，一个科技企业在互联网大脑模型中的位置将决定它在生态中的竞争地位。如何从单一的互联网大脑听觉神经系统向其他神经系统扩展，对于科大讯飞的未来将是非常重要的课题。目前，科大讯飞与京东进行智能音箱的合作，提出城市超脑，进入智慧城市建设，都是在进行战略上的突破。

科大讯飞的危机和努力，对其他占据互联网大脑单一神经系统的企业，如视觉神经系统中的商汤科技、云从科技，躯体感觉神经系统中的飞思卡尔和奇思（Kionix），运动神经系统中的海尔和通用电气等，同样具有参考价值。

规则5：云群体智能在互联网大脑中蕴含巨大价值

1969年，当互联网因为要防止核战争被创造出来的时候，其发明者应该没有想到，这个庞大的系统对于人类的意义并不仅仅是信息沟通和信息分享，更重要的是它激活了人类的群体智能，使人类在整个自然界的竞争力又提升了几个数量级。可以想象，当数十亿人类的大脑被连接在一起，一起思考、相互学习、无私分享，共同解决人类面临的社会、科技、生活和自然问题时，这中间蕴含的智能将会多么强大。

21世纪，在人工智能与互联网结合产生巨大能量的同时，社交网络技术不断成熟，群体智能终于被商业的力量点燃，人类在科学、技术、工作、生活和学习等领域，出现了大量基于社交网络交互的威客（众包）类网站。人类既可以通过脸书、微信、微博、推特等社交巨头进行智力激荡获得答案，也可以到猪八戒网、知乎、百度知道、新浪爱问、意诺新（InnoCentive）、美版知乎（Quora）等网站获得更为专业的解答。知乎、猪八戒网在互联网大脑中的位置用星星标记，如图2.6所示。

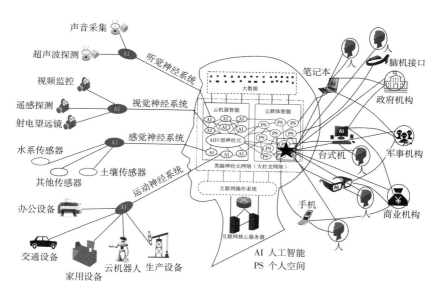

图2.6　知乎、猪八戒网在互联网大脑中的位置

猪八戒网由《重庆晚报》原记者朱明跃于2005年创办，定位是知识工作者共享服务平台，交易品类涵盖创意设计、网站建设、网络营销、文案策划和生活服务等多种行业。

创业之前，朱明跃是《重庆晚报》的首席记者。2006年，在威客网站发展的大潮下，朱明跃选择辞职创立猪八戒网。威客模式是指用户通过互联网将自己的智慧、产品、能力、经验转换成实际收益的一种新交易模式，威客在互联网上通过解决科学、技术、工作、生活和学习中的问题从而让产品、智慧、经验和技能体现经济价值。

到 2006 年，中国市场上活跃着三四十个威客类网站。猪八戒网在此后的 10 年中，不断探索，终于走出一条用互联网调动众多知识创意工作者的成功道路，为企业和个人解决了工作中面临的诸多问题。2015 年 6 月 15 日，猪八戒网宣布分别获得来自重庆北部新区（现两江新区）产业投资基金和赛伯乐集团的 10 亿元、16 亿元融资，计划打造全国最大的在线服务电子商务交易平台，估值超过 100 亿元。

知乎是另外一种类型的群体智能型网站，由创始人周源于 2011 年在北京成立，与猪八戒网直接有现金介入的智力供需不同，知乎主要建立社区，让回答者根据兴趣解答提问者关于科技、生活、体育、财经、教育等思维发散或需要头脑风暴的问题，经过 7 年的不断探索，知乎终于在知识有偿分享的方向上找到突破口，形成了良性的商业运转模式。以网络问答社交构建互联网内容平台，在很长时间里被视为一种没有未来的互联网产品形态。但知乎坚持了下来，并赢得了自己的"春天"。2018 年 6 月，知乎已提供 15 000 个知识服务产品，生产者达到 5 000 名，知乎付费用户人次达到 600 万，每天有超过 100 万人次使用知乎进行付费学习。①

由此可见，知乎从免费的知识互动拓展到知识出售和知识有偿分享，形成了与猪八戒网截然不同，但同样促进云群体智能爆发的商业形态。2018 年 8 月 8 日，知乎创始人、CEO 周源宣布，知乎已完成 2.7 亿美元的 E 轮融资。

猪八戒网和知乎是基于社交网络的知识交易平台，采用的是调动

---

① 知乎. 知乎正式宣布将知识市场业务升级为知识大学，2018.

互联网群体智能解决专业问题的商业模式。虽然腾讯的微信、QQ以及微博和脸书也都可以开设类似功能，但是猪八戒网和知乎更为垂直和专业。

因此，它们在互联网大脑中占据了一席之地，它们的发展与壮大符合互联网大脑的进化趋势，也许它们很难发展成为同腾讯、阿里巴巴一样的互联网巨头，但是成长为市值超过100亿美元的独角兽企业是可以预期的，商业上的成功可以看作"看不见的手"对于它们激活人类智能的奖励。

规则6：互联网大数据企业需要解决数据瓶颈问题

互联网经过近50年的发展，已经积累了天文数字级的信息和数据，是互联网大脑智能产生的源泉，也是互联网记忆系统形成的基础。对这些海量数据进行挖掘、分析和整理，成为互联网大脑中最有价值的领域之一。21世纪以来，成功的互联网企业，无一不与互联网大数据有关，这个领域内最著名的企业包括谷歌、百度等世界级巨头公司。

1991年万维网诞生，这个创新使任何机构、企业和个人都可以在互联网的知识海洋中分享信息和利用信息。但随着万维网的急剧发展，互联网中的信息呈爆炸式增长。人类在信息的海洋中迅速找到自己需要的数据就成为互联网大脑发育的重要需求。

这时搜索引擎技术出现了，从本质上说，搜索引擎就是为互联网大脑的记忆信息建立一个统一的索引。通过这个索引，人类可以很容易地在互联网大脑中找到对自己有价值的记忆信息。

21世纪初互联网的蓬勃发展，推动了千百万网站的诞生，这些网站不断产生海量信息和数据，人类如何对这些信息和数据进行索引呢？百度和谷歌就顺应了这一需求（见图 2.7），成为互联网大数据优秀的探路者和影响世界的科技巨头。

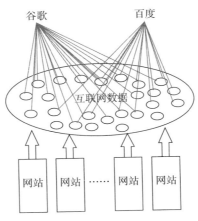

图 2.7　早期谷歌和百度的互联网生态

1996 年 4 月，当时著名的搜索引擎 Excite 以首期 200 万股股票上市，李彦宏在此时想到了如何解决搜索引擎的作弊问题。一年后，李彦宏提交了一份名为《超链文件检索系统和方法》的专利申请，比谷歌创始人发明的网页权重（PR）要早一年，这是非常具有前瞻性的研究工作。在这份专利中，李彦宏提出了与传统信息检索系统不同的基于链接的排名方法。[1]

1998 年 10 月之前，谷歌只是斯坦福大学的一个小项目。1995 年博士生拉里·佩奇开始学习搜索引擎技术，他在 1997 年 9 月 15 日注册了 google.com 的域名，1998 年 9 月 27 日，谷歌公司正式把这一天认作自己的生日。[2]

2017 年 10 月 18 日，百度股价达到 274.97 美元，再创历史新高，

---

[1]　李彦宏. 搜索无止境［J］. 电脑与电信，2000.

[2]　米格尔·赫尔夫. 拉里·佩奇谈谷歌［J］. 财富，2013.

此时百度的市值为954.15亿美元，距离千亿美元的市值只有一步之遥，与此同时，谷歌的市值达到6 824亿美元。

谷歌、百度在蓬勃发展的同时也面临着同样的危机和困境，这是因为在它们诞生之后的20年里，互联网的生态发生了巨大的变化。受互联网向类脑架构进化趋势的影响，以微博、微信、脸书、淘宝为代表的互联网类神经元网络逐渐发育起来，大量的BBS网站、企业网站和个人博客网站在互联网的进化道路上消失了。

很多企业和个人直接在脸书、推特、微博和微信上开设账号发布信息，互联网中的大数据逐步汇聚到互联网类脑神经元网络中，事实上，作为互联网的大数据索引工具，百度和谷歌受到了严重的影响。谷歌和百度的发展瓶颈如图2.8所示。

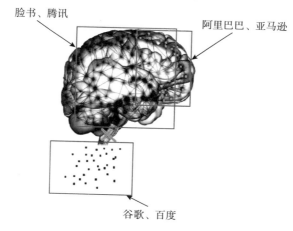

图2.8 谷歌和百度的发展瓶颈

从图2.8可以看出，由于在互联网类脑神经元领域的弱势，谷歌和百度在大数据、人工智能领域的优势无法对它们在互联网大脑其他神经系统的布局提供很强的支持，这是谷歌和百度目前面临的最大问题。

在中国，百度面临的对手是腾讯和阿里巴巴，在美国，谷歌面临的风险来自脸书、推特和亚马逊等。微信、QQ 和脸书等成功地制造了一个巨大的信息"王国"，用户通过社交关系获得信息，与好友分享生活。而这些信息无法通过搜索引擎来获取。如果用户可以在这座信息"王国"内获得所需要的信息，那么百度、谷歌实际上就被边缘化了。

谷歌对此做了大量的努力，"谷歌＋"是谷歌于 2011 年 6 月 28 日推出的一个 SNS 社交网站，互联网用户可以通过谷歌账户登录，在这个社交网站上，用户可以和有不同兴趣爱好的好友分享好玩的东西。2014 年，"谷歌＋"之父维克·冈多特拉（Vic Gundotra）从谷歌离职，一位谷歌前工程师则直接宣称"谷歌＋"作为一个社交网络已经失败。①

早在 2003 年，百度推出了百度贴吧，通过被搜索的关键词形成讨论社区，应该说这是一个重要的发明，在之后近十年的发展过程中，百度贴吧聚焦了巨大的粉丝群体。从官方统计数据来看，2014 年百度贴吧拥有 10 亿注册用户和近 820 万个主题吧，日均话题总量过亿、日均浏览量超过 27 亿。②

虽然百度贴吧在 PC（个人电脑）端取得了巨大成功，但在移动互联网时代，百度没有充分利用贴吧的社交属性为自己赢得移动互联网时代的"船票"，被今日头条通过新闻数据社交化抢走热点，两者成为同领域的竞争对手。

目前，百度和谷歌都将 AI 作为主攻目标，但是从图 2.9 来看，百度和谷歌依然需要大力培养在互联网类脑神经元网络中的势力，例如百度的贴吧、谷歌的"谷歌＋"。通过这种努力，百度和谷歌一方面可以避免它们最重要的资产——数据被腾讯、脸书、阿里巴巴、推

---

① D Tyte. Google ＋：Better Than Buzz？. Wiley/ResearchGate，2015.

② 李瑞琦. 百度贴吧的用户传播机制分析［J］. 新闻世界，2018.

特控制，另一方面也可以为 AI 技术通过类脑神经元网络寻找更多应用场景奠定基础。百度、谷歌在互联网大脑中的位置如图 2.9 所示。

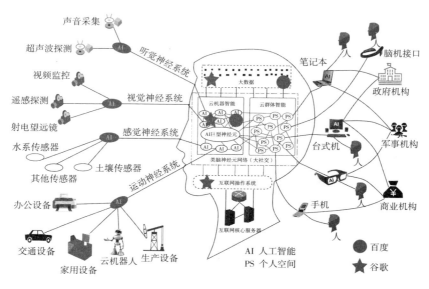

图 2.9　百度、谷歌在互联网大脑中的位置

规则 7：挖掘互联网大脑的情感特征将获得超额回报

情绪是大脑重要的智能表现之一，最常见的情绪有喜、怒、哀、惊、恐、爱等，也有一些细腻微妙的情绪如嫉妒、惭愧、羞耻、自豪等。情绪常和心情、性格、目的等因素相互作用，也受荷尔蒙和神经递质影响。无论正面情绪还是负面情绪，都会引发人们的行动。

为了解释情绪的意义，达尔文在 1872 年写过一本《人与动物的感情表达》（*The Expression of the Emotions in Man and Animals*）。达尔文认为，情绪表达能够帮助动物适应环境，动物表达情绪和表现身体特点有同样作用，例如，狗在被挑衅时愤怒狂吠，让敌人认为它比实际更具有攻击性。达尔文认为，情绪大多具有目的性，因此是自然选择的产物。

我们在讨论互联网大脑模型时提到，互联网正在向与大脑高度相似的方向进化，那么这个由数量众多的人和机器构成的互联网大脑，是否同样有情绪呢？2011 年 10 月，苹果公司的创始人乔布斯因病去世，令无数乔布斯的追随者无比悲痛。从 2011 年 10 月 6 日早上 8 点到晚上 12 点，在当日发布的微博内容中提到乔布斯的用户数超过了当日总发博用户数的 35%，截至 2011 年 10 月 7 日下午 4 点，关于乔布斯去世的讨论信息已经接近 7 500 万条，整个微博弥漫着悲伤的情绪。

从互联网所包含的应用来看，能够产生类似人类情绪的部分主要发生在互联网的右大脑–云群体智能中，如新浪微博、微信朋友圈、脸书、推特等，这些巨型社交网络连接了数十亿人类，它们不仅连接了互联网用户，还连接了这些用户在文字、图片和视频中表达的情绪，当这种情绪通过关系链进行传播和共振时，互联网大脑的情绪就具备了研究基础。

在大部分时间里，社交网络中有千万种情绪的释放，虽然局部节点可能有激烈的情绪爆发，但如果此时没有哪一种情绪能占主导位置，那么从大尺度来看整个互联网大脑，我们依然可以认为它处于平静的情绪状态。

但是，当有重要事件引发某种情绪集中爆发时，互联网大脑就会"表达"出显著的情绪，例如，乔布斯去世的消息引发的悲痛情绪；中国选手在奥运会获得第一名引发的高兴情绪；关于雾霾报道引发的担心情绪等。如何把互联网大脑的这种情绪变化提炼出来并寻找其商业价值和社会价值，就成为一个非常有意义的研究领域。

在中国，沃民高科建立的沃德社会气象台，正是通过对互联网大数据进行情绪分析，发现互联网大脑的情绪波动，为企业、政府、军事等部门提供服务。沃德社会气象台在业内有一个技术名称，叫作全球网络情报实时监测与智能分析大数据系统，沃民高科在互联网大脑中的位置用星星标记，如图 2.10 所示。

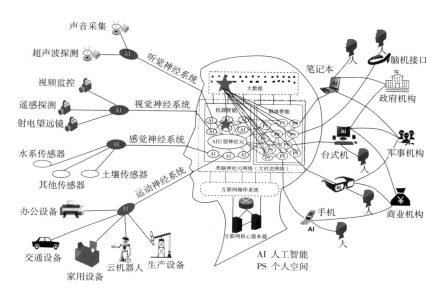

图 2.10　沃民高科在互联网大脑中的位置

　　沃民高科由齐中祥博士和许可教授在 2007 年建立，其重要的一个定位就是全球领先的互联网情绪大数据公司。沃民高科通过自主研发的抓取引擎对全球七大搜索平台、六大社交平台的数据进行抓取，每 24 小时采集处理信息超过 8 000 万条，累计处理信息超过 1 500 亿条。沃民高科的数据来源涵盖明网、暗网和专网，24 小时不间断地监测全球社交媒体的信息，第一时间感知全球舆论情绪的变化。

　　沃民高科基于人工智能的情绪分析技术和算法建立模型，将人们的情绪反应实时分解为高兴、愤怒、悲伤、厌恶和恐惧五种类型，沃民高科利用这一模型对每天抓取的近亿条信息进行分析，从而发现世界范围内人们通过互联网社交网络表达的群体情绪。这种互联网大脑展现的情绪与选举、股市、舆情、品牌、国家安全等领域结合，就可以产生巨大的商业价值。

例如，沃民高科对美国大选、法国大选、韩国大选、英国大选、德国大选、柬埔寨大选等全球大选的结果进行预测，取得了不俗的预测成绩。

2016 年 11 月 9 日，沃民高科发布的美国大选预测数据显示：特朗普的得票率预计为 46.1%，希拉里的得票率预计为 49.1%。

2016 年 12 月 20 日的美国大选实际数据显示，希拉里的得票数量超过特朗普近 290 万张。其中，希拉里获得约 6 584.5 万张选票（27 张选举人票），占比为 48.2%（相差 0.9%）；特普获得约 6 298 万张选票（304 张选举人票），占比为 46.1%（精确命中）。

沃民高科通过对互联网大脑情绪的分析，为有关政府部门和企业预测可能的风险点，为这些机构的提前决策赢得机会和时间。沃民高科的沃德社会气象台的另一个重要应用是对互联网上发生的事件进行情绪分析，为政府和企业判断舆情走向和品牌影响提供支持。

例如 2018 年 7 月 15 日，国家药品监督管理局检查组发现，长春长生在冻干人用狂犬病疫苗生产过程中存在问题，并收回了长春长生相关"药品 GMP 证书"，此事通过社交网络大 V（有影响力的用户）转发，引爆互联网关于长春长生的情绪。

沃德社会气象台情绪分析显示，在此事件的相关讨论中，愤怒情绪和恐惧情绪一直占据主导地位。负面情绪总体占比高达 89.43%，其中愤怒情绪占比为 42.25%，恐惧情绪占比为 27.45%。这个结果对国家药品监督管理局和相关企业了解互联网群体情绪的发展和动向有着重要的参考意义。

总体来看，在互联网类脑结构中，基于社交网络产生群体情绪和情感是一个必然现象，通过社交大数据对互联网大脑的情绪进行分析，符合人类对互联网大脑的需求，因此也就能够产生社会关注度和商业价值。到 2018 年，沃民高科获得的包括腾讯双百计划在内的各类投资超过 1 亿元，市值超过 10 亿元，这也是顺应互联网大脑化趋势的超额经济回报。

规则 8：神经纤维公司通过连接各神经系统获得关键地位

互联网的有线和无线通信设施构成了互联网大脑的神经纤维，经过近 200 多年的发展，它已经发展成为非常庞大的技术体系和产业体系，这其中包括电话线、同轴电缆、光纤、卫星通信、蜂窝移动通信等，伴随互联网大脑感觉和运动神经系统（物联网）的发展，无线通信技术又产生蜂舞协议、WiFi（无线局域网）、蓝牙、Z-wave 等短距离通信技术以及 LoRa、eMTC 和 NB-IoT 等广域网通信技术。除此之外，思科、华为等公司为互联网的信息和数据传递提供了路由器、交换机等设备，高通、安谋国际等公司为通信设备企业提供了芯片架构支持。

在互联网大脑的神经纤维建设领域，华为是一个非常独特的企业，这不仅是因为华为的创新能力和盈利能力，更是因为它在互联网结构发生重大变化时，在战略上屡次突破，实现从通信设备提供商向智能手机生产商的扩张，又继而向互联网的中枢神经系统——云计算迈进。这种战略进化和布局，使华为在同类企业中脱颖而出，华为在互联网大脑中的位置用星星标记，如图 2.11 所示。

接下来，我们通过具体的案例来分析，华为是如何在战略上顺应互联网的类脑化进程，从而具备较强的竞争力的。在分析华为之前，我们先介绍另一家世界著名的电信公司思科。1984 年 12 月，思科系

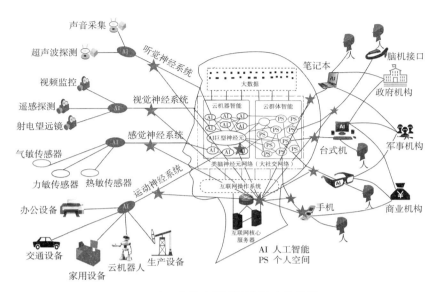

图 2.11 华为在互联网大脑中的位置

统公司（Cisco Systems）在美国成立，创始人是斯坦福大学的一对教师夫妇：计算机系的计算机中心主任莱昂纳德·波萨克（Leonard Bosack）和商学院的计算机中心主任桑蒂·勒纳（Sandy Lerner）。

夫妇二人设计了一种叫作多协议路由器的联网设备，用于斯坦福校园网络（SUNet），将校园内不兼容的计算机局域网整合在一起，形成一个统一的网络。[①] 这个联网设备被认为是联网时代真正到来的标志。思科曾经是核心路由器和交换机市场的霸主，占全球核心路由器市场近八成的份额。在巅峰时期，思科的市值甚至超过 5 000 亿美元。

1987 年，华为创始人任正非集资 21 000 元创立华为公司，华为在 1987 年诞生之后的相当一段时间里都是思科的追随者，但经过 30

---

① 李万林，彭来献，郑少仁. 路由器体系结构演变和未来发展趋势［J］. 电讯技术，2002.

多年的发展，华为已经走出了自己的差异化发展道路，并在一些关键领域取得领先地位，这其中有三个重要的节点表现出华为的执行力和战略前瞻性。正是这些特质使华为在互联网大脑中占据了一席之地。

第一个节点是，1991 年华为开始进行独立的产品研发，孤注一掷地投入 C&C08 交换机的研发。到 1993 年年末，C&C08 交换机终于研发成功，其价格比国外同类产品低 2/3，这为华为在电信行业的爆发奠定了基础。①

2018 年，马基特经济研究公司（IHS Markit）发布的最新报告显示，华为在 2017 年击败爱立信（Ericsson），成为全球最大的电信设备制造商。2017 年，华为在全球移动基础设施设备市场的份额为 28%，相比之下，爱立信的份额从 2016 年的 28% 下滑至 2017 年的 27%。

除此之外，华为在 5G 领域也占据了有利的竞争地位。2013 年，华为作为 5G 项目的主要推动者，发布 5G 白皮书，积极构建 5G 全球生态圈，并与全球 20 多所大学开展紧密的联合研究计划；2016 年，国际移动通信标准化组织 3GPP 最终确定了 5G eMBB（增强移动宽带）场景的信道编码技术方案，其中，华为主推的 Polar 码成为控制信道的编码，高通主推的 LDPC 码成为数据信道的编码。② 经过近 30 年的努力，华为在互联网大脑神经纤维领域终于站稳脚跟，并成为该领域的领头羊。

第二个节点是，2003 年华为成立手机业务部，开始把触角拓展到移动智能手机领域，这个突破为华为走出重大差异化道路奠定了基础。2013 年，华为手机销量已跃升至全球第三位，仅次于苹果和三星。到 2018 年 7 月，华为手机发货量突破一亿台。在过去 7 年，华为手机销售量增长高达 51 倍，与苹果、三星一起成为世界智能手机

---

① 林燊满 . 华为 C&C08 交换机一机双网的实现［J］. 科技传播，2010.
② 刘平 . 5G 时代，华为有多大话语权［J］. 金融经济，2017.

市场第一阵营的代表。① 华为通过智能手机在互联网大脑的生态上占据了与互联网用户（人）交互的重要领域。由此，华为获得消费数据、智能家庭数据、智慧城市建设数据就有了可靠的基础。

第三个节点是，自 2017 年以来，华为明确了公有云战略，并在 2018 年 6 月的华为云活动上，宣布推出华为云 EI 智能体，通过智慧大脑、智能边缘平台、无处不在的连接和行业智慧的融合，将复杂物理世界的海量信息和行业智慧，经过华为云 EI 智能体的计算分析反作用于物理世界。

据华为 2017 年的年报显示，华为业绩稳健增长，实现全球销售收入 6 036 亿元，净利润达 475 亿元，同比增长 28.1%。国内同行中兴 2017 年的营业收入为 1 088 亿元，净利润为 53 亿元；国外同行中，2017 年，爱立信全年营收 255.92 亿美元，净亏损 44.76 亿美元，思科营收 480 亿美元，净收入 96 亿美元，同比下降 11%。②

这说明与思科、爱立信相比，华为已经从单纯的互联网神经纤维领域的竞争，转向与亚马逊、阿里巴巴、腾讯、谷歌等科技巨头进行的全面的生态竞争，并获得巨大的竞争优势和回报。华为规避单一神经系统的局限，依托自己在电信领域的优势，通过战略突破，实现业务升级，这一点非常值得科大讯飞、商汤科技、通用电气、IBM 和思科等公司参考和学习。

规则 9：互联网大脑梦境的构建带来产业升级

在电影《盗梦空间》（*Inception*）中，男主角科布和妻子在梦境

---

① IDC. 2018 年 IDC 全球手机报告，2019.
② 网易财经 . 2017 年全球主要通信厂商财报，2018.

中生活了 50 年，从楼宇、商铺、河流、浅滩到一草一木，这两位造梦师用意念建造了属于自己的梦境空间。这一科幻情节在互联网大脑的发育过程中，也开始走入人们的日常生活。互联网大脑梦境的构建将对大数据、4G/5G、AR/VR 等行业和产业带来巨大的升级效应。

人类每天与世界各个角落的传感器、智能设备一起向互联网大脑贡献着数以亿万计的数据。一方面，通过知识图谱、自然语言处理、图像识别、机器学习等人工智能技术对这个庞大数据进行的处理，是互联网大脑产生记忆和进行思考的基础。另一方面，互联网大数据面向用户的展现形式在过去的 50 年里，经历了从一维、二维到三维的发展阶段。互联网大数据展示的三维阶段的到来，正是互联网大脑梦境技术成熟的开始。互联网大数据维度的变化如图 2.12 所示。

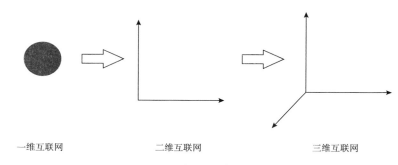

一维互联网　　　　　　二维互联网　　　　　　三维互联网

图 2.12　互联网大数据维度的变化

互联网一维初级阶段：互联网信息以二进制的形式进行存储、传输和输出展示。

互联网一维高级阶段：互联网信息的输入、输出以文字符号为主。

互联网二维阶段：互联网信息的输入、输出开始涉及大量图片和声音。

互联网的三维初级阶段：互联网信息的输入、输出开始涉及视频。

互联网的三维中级阶段：互联网的网络游戏、部分软件应用开始出现三维化界面。

互联网的三维高级阶段：在 AR/VR 等虚拟显示技术的拉动下，互联网内容的显示将全面三维化，文字、图片、视频、声音和 AI 程序同时融入虚拟现实世界中，供人类用户使用和交互，这也是互联网大脑梦境到来的标志。

事实上，互联网梦境早有萌芽，早在 1915 年，世界上第一场 3D 电影在纽约阿斯特剧场上映，电影中的人物栩栩如生，好像就在我们身边，让人产生身临其境的感觉。20 世纪 60 年代，图形学之父伊凡·苏泽兰（Ivan Sutherland）开发出世界上第一个虚拟系统和头盔式显示器。此后 40 年，不断有人试图挑战虚拟现实技术，希望将之变成一项普及大众的技术，但统统失败。[①]

随着互联网大脑的日益成熟，虚拟现实技术开始进入一个全新的时期，与传统虚拟现实技术不同，这一全新时期的虚拟现实技术不再是单机版的虚拟图像展示，也不是看到眼前巨幕展现出来的三维立体画面。它与移动互联网、大数据、人工智能结合得更加紧密，以庞大的数据为基础，让人工智能服务于虚拟现实技术，让人类大脑产生错觉，将视觉、听觉、嗅觉、运动等神经系统与互联网梦境系统相互作用，使人们在其中获得真实感和交互感。

Oculus 公司的兴起是互联网大脑进入梦境时代的重要标志，虽然在 Oculus 诞生之前，VR 领域已经发展了很多年，但昂贵的设备和工业、军事等狭窄的应用场景限制了 VR 的普及。Oculus 成立于 2012 年，当年 Oculus 登陆美国众筹网站 kickstarter，共筹资近 250 万美元；Oculus 当时最大的特征是用极低的成本使普通用户获得对虚拟现实的真实体验。[②]

---

① 陶雪琴，李婷. 虚拟现实技术的历史及发展 [J]. 中国新通信，2012.

② 王宏斌. 高新技术企业创业期融资——以 Oculus 公司为例 [J]. 财讯，2017.

2014 年，脸书宣布以 20 亿美元收购虚拟现实设备制造商 Oculus。这次收购引爆了整个虚拟现实产业。谷歌、三星、索尼、HTC（宏达电）、微软以及数十万家创业企业也快速进入这个领域，极大地促进了整个互联网虚拟现实产业的快速发展。

在 2017 年举办的 Oculus 连接大会上，脸书首席执行官扎克伯格宣布，未来的目标是让 10 亿人使用虚拟现实技术进行梦境般的社交。在宣布这一宏伟目标的同时，扎克伯格并没有公布计划完成这一目标的具体时间。要完成这一目标，脸书无疑面临着巨大挑战。

将社交放到 VR 平台上，对于脸书来说是一种战略上的考量。目前，脸书在全球范围内的用户量已经突破 20 亿，接下来 10 亿用户的增长，一方面来自发展中国家或地区的新增用户，另一方面或将来自 VR 等新的社交形式，因而脸书在 VR 行业整体处于发展低迷期时，仍不遗余力地进行大力推广。

在脸书、谷歌、三星等巨头的规划中，人类用户可以在互联网大脑的梦境中在线参观外地甚至国外的艺术展览馆、科技博物馆，同时基于社交的交互系统，在线的梦境者可以进行交互，更有可能实现名人的虚拟演讲活动、虚拟演唱会等。能够预见的未来是，互联网大脑梦境的形成将对未来人类社会的生活方式产生颠覆性的巨大影响，同时也对人工智能、5G 通信、高端芯片、新兴显示等领域产生巨大的拉动效应。

规则 10：云反射弧公司应把确保反射成功放到首位

滴滴出行与美国的优步，本质上都是基于互联网的智能打车软件，让拥有家用汽车的司机可以与出租车司机一样，服务于打车用户。在滴滴、优步产生之前，出租车行业一直面临着车辆脏、叫车慢、服务态度差、费用昂贵等问题。随着移动互联网、定位技术以及云计算的慢慢普及，解决这些问题的技术条件逐步成熟。滴滴、优步正是在这个大背景下产生的。

2018 年，滴滴出行在业务发展中遇到数次巨大的挫折，其顺风车业务出现多次女性乘客受到侵害并丧命的重大事件。8 月 26 日，滴滴就乐清顺风车乘客遇害一事发表声明，决定自 8 月 27 日零时起，在全国范围内下线顺风车业务，内部重新评估业务模式及产品逻辑。

作为一个基于"互联网 + AI"的打车软件，滴滴的顺风车业务究竟是什么类型的产品？滴滴在快车、优享和出租车等正常打车服务之外，为什么要推出顺风车业务？从互联网大脑模型的角度来看，滴滴在这个事件中犯下的战术错误在哪里？

滴滴服务乘客的流程是这样的：用户发出需求，滴滴的中央智能系统（滴滴大脑）进行调度，发送需求给司机，司机做出响应，驾驶汽车找到用户并运送到目的地。

从这个过程可以看出，滴滴是一家基于机器智能的云反射弧平台公司。用户（手机）作为感受器；3G、4G 移动通信作为传入和传出神经，滴滴的中央智能系统（滴滴大脑）作为神经中枢；滴滴司机（汽车）作为效应器；滴滴的一次服务可以看作一次与交通有关的云反射弧的实现。滴滴在互联网大脑中的位置用星星标记，如图 2.13 所示。

强大的算法和计算能力是滴滴爆发式增长和顺利完成云反射弧的重要保障。2018 年 1 月，滴滴在 2018 年智慧交通峰会上正式发布智慧交通战略产品——交通大脑，携手交管部门，运用 AI 的决策能力解决交通工具与承载系统之间的协调问题。

滴滴平台上每天产生超过 50 TB 的数据（相当于 5 万部电影），超过 90 亿次路径规划。滴滴出行平台累计完成 14.3 亿订单，累计行驶里程达 128 亿千米，相当于环绕中国行驶 29 万圈，累计行驶时间

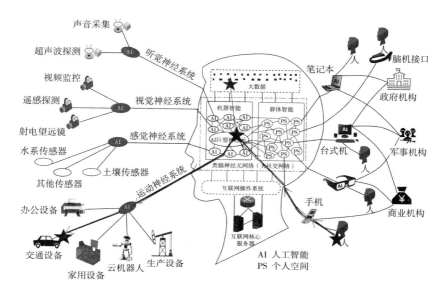

图2.13 滴滴在互联网大脑中的位置

达4.9亿小时。①

从上面的数据看，滴滴是一家以大数据和人工智能为核心的交通出行服务公司，为解决社会出行困难提供了现代化的解决方案。事实上，其的确方便了数以亿计的中国用户，在这种情况下，滴滴为什么要推出滴滴顺风车呢？

滴滴顺风车是滴滴公司于2015年推出的一款拼车软件，是继滴滴打车、滴滴专车、滴滴企业出行服务之后在移动出行领域推出的第四款产品。顺风车原本是指搭便车、顺路车，倡导同路的朋友搭乘一辆车出行，为交通减压，为环保增分。

滴滴建立顺风车平台后不久，就把特色定位在了社交上，在滴滴看来，社交能推动顺风车的发展，顺风车也能刺激社交的增加。从这

---

① http://www.sohu.com/a/101858051_398084.

里可以看出，滴滴希望通过这个产品向互联网的右大脑－云群体智能领域进军，以获得更全面的领域覆盖、更大的用户黏性和上市市值。这个战略本身没有错，是符合互联网大脑发展规律的。滴滴顺风车在互联网大脑中的位置用星星标记，如图 2.14 所示。

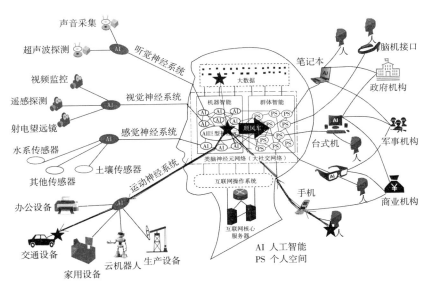

图 2.14　滴滴顺风车在互联网大脑中的位置

但问题出在执行战略意图的战术设计和产品规划上，由于滴滴出行是一个将乘客、车、司机连接在一起的云反射弧平台，社交对象是乘客和司机，他们会通过车这个封闭空间产生直接联系，并处于高速运动和复杂的交通环境中，任何一个环节的疏漏都会导致滴滴的云反射弧服务失败，并对乘客和司机的安全造成重大影响。

滴滴的技术服务流程与腾讯、百度、支付宝、爱奇艺和今日头条等纯粹的网上社交和大数据公司不同，安全的需求明显提高了几个数量级。

可惜的是，滴滴明显没有注意到这一点。滴滴把滴滴顺风车当作普通的社交大数据平台，用"交友牌"来吸引司机和乘客进入这个社交平台，甚至允许司机通过平台用气质、长相对女性乘客进行标签评价。① 这些为 2018 年出现的几次影响巨大的事件埋下了伏笔。

滴滴顺风车的定位出现了问题，从互联网大脑模型来看，滴滴顺风车的社交定位在战略上没有问题，但要保证云反射弧完成，定位应该是"安全+社交"。

所有的产品规划都要围绕如何保证乘客和司机的安全以及保证滴滴服务的云反射弧安全完整执行来设计，包括乘客和司机的社会信用、车辆的质量和定位、乘车过程中保护乘客和司机的安全规范、服务结束后的安全互评、意外状况的紧急处理机制等诸多方面。

在出现多次影响巨大的事件后，2018 年滴滴进行了深刻反思，从滴滴公司的举措来看，其对神经反射弧的运转机制进行了仔细的梳理和大幅度的改进，例如暂停了顺风车业务，增加了一键报警、全程录音等功能。滴滴公司在 2018 年遇到的挫折对同类企业有重要的参考价值，在企业的产品和服务有云反射弧属性时，如何保证安全性、敏捷性、完整性是企业应该优先考虑的事情。

① http：//news. sina. com. cn/s/2018-08-26/doc-ihifuvph2546123. shtml.

第三章 ‖ 城市大脑：互联网大脑架构下的智慧城市建设

导语： 数千年来，智能化一直是城市发展的使命之一，互联网加速了城市智能化的趋势，在互联网大脑形成的过程中，城市建设不可避免地受到影响，互联网大脑架构与智慧城市的结合是城市大脑产生的根源。华为、阿里巴巴、腾讯、谷歌、科大讯飞等科技巨头在这个领域进行了激烈的竞争。很多城市从类脑神经元网络和云反射弧角度开展智慧城市的建设工作，这两点也成为评测城市智商最重要的因素。

城市的智能化发展简史

城市的起源可以上溯到 6 000 年前，考古学证明最早的城市起源于美索布达米亚平原，但城市产生以后并不是从一个地方扩散的，而是在不同地域产生后各自传播，这就是城市产生的多元学说。

人类第一座城市——埃利都的城市围墙长达 9.5 千米以上，人口估计约为 5 万。城市的出现，是人类走向成熟和文明的标志，城市是人类群居生活的高级形式。城市的起源从根本上说有两种，一种是战略要地和边疆据点，市是在城的基础上发展起来的，如天津起源于天津卫；另一种是先有市场后有城市，这类城市比较多见，如米兰、威尼斯、巴黎等。由此可以看出，城市是人类经济政治发展到一定阶段的产物，是人类的交易中心和聚集中心。①

城市的智能程度是伴随人类科技和文明的进步而提高的。18世纪中叶开始的工业革命，使城市迎来一个崭新的发展时期。在作为工业化原动力的各种原料产地，特别是煤炭、沿海地区，资本、工厂、人口迅速聚集，形成了人口集中、密度高、工业发达的城市，如英国的兰开夏地区、德国的鲁尔地区、美国的大西洋沿岸和五大湖沿岸等。

1950年，世界城市化水平为29.2%，1980年上升到39.6%，2000年达到46.6%，预计到2020年将达到57.45%。在这个时期，城市现代化的标志包括：城市内部与城市之间的分工与协作；基础设施智能化；道路、交通（国内与国际）、通信、供排水、供电、供气等现代设施灵敏化；城市管理工作信息化等。②

2009年1月，IBM公司首席执行官彭明盛首次提出智慧地球，由此延伸的智慧城市概念极大地推动了世界各个国家的城市现代化进程。随着互联网类脑化进程的加快，以及人类社会结构研究的不断深入，智慧城市的建设不可避免地会受到互联网大脑模型的影响。一个基于互联网大脑架构的智慧城市建设框架在逐步被科学界和产业界认同，城市大脑开始成为城市建设的重要领域。

2015年，城市大脑的定义被正式提出，2016年阿里巴巴推出ET

---

① 陈淳. 城市起源之研究［J］. 文物世界，1998.
② 王廉. 2016 世界城市发展年鉴［M］. 广州：中山大学出版社，2017.

城市大脑，2018 年华为提出城市神经网络，腾讯提出城市超级大脑，科大讯飞提出城市超脑，谷歌推出超级智慧城市计划。自 21 世纪以来，学术界和产业界正在共同努力，以加速城市的智慧化发展。

什么是智慧城市

20 世纪 90 年代，时任美国总统的克林顿提出的信息高速公路发展战略使美国经济进入长达 10 年的繁荣期。金融危机出现之后，奥巴马政府希望借助信息技术对经济的拉动作用，以及智慧地球发展战略，为美国经济寻找新的增长点。

2009 年 1 月 28 日，奥巴马就任美国总统后，与美国工商业领袖举行了一次圆桌会议。IBM 公司首席执行官彭明盛首次提出智慧地球这一概念，建议政府投资新一代的智能型基础设施。奥巴马对此的意见是："经济刺激资金将会投入宽带网络等新兴技术中去，毫无疑问，这是美国在 21 世纪保持和夺回竞争优势的方式。"奥巴马政府的积极回应，使得智慧地球的战略构想上升为美国的国家级发展战略，随后，美国出台了《复苏与再投资法案》（American Recovery and Re-investment Act of 2009）并投入总额为 7 870 亿美元的经费，具体推动国家发展战略的落实。

智慧地球战略提出，IT 产业下一阶段的任务是，将新一代 IT 技术充分运用到各行各业中，把传感器嵌入电网、铁路、桥梁、隧道、公路、建筑、供水系统、大坝、油气管道等设备中，并普遍连接，形成物联网；然后将物联网与现有的互联网整合起来，实现人类社会与物理系统的整合。①

---

① 杨再高. 智慧城市发展策略研究［J］. 科技管理研究，2014.

2009 年，在 IBM《智慧地球 赢在中国》白皮书中，IBM 为中国量身打造了六大智慧解决方案：智慧电力、智慧医疗、智慧城市、智慧交通、智慧供应链和智慧银行。按照 IBM 的规划，智慧城市就是在智慧地球建设的大框架下，将城市智能化建设的方案和新一代 IT 技术充分运用到城市建设之中。

IBM 的这些智慧解决方案，陆续在我国各个层面得以推进。据不完全统计，仅智慧城市一项，我国就有数百个城市与 IBM 开展合作。30 多个省市将物联网作为产业发展重点，80% 以上城市将物联网列为主导产业，已经出现了明显过热的发展势头。有专家对这种一拥而上的重复建设现象表示担忧，认为过热的物联网、云计算和智慧城市等产业建设，有可能导致新的产能过剩。

智慧城市在发展过程中遇到的三个问题

IBM 的高明之处在于，每次推出的战略理念，其出发点都是别人，而落脚点是自己——IBM 不仅可以提供咨询服务，还可以提供整套的解决方案。这实际上起到了产业引领者的作用。

按照 IBM 高管的设想，在智慧地球时代，IT 将变成让地球智能化运转的隐性能动工具，分布于人、自然系统、社会体系、商业系统和各种组织中。因此，在这样的时代，IBM 希望自己能像空气一样渗透到智慧地球运转的每个角落，成为人类在地球生存不可或缺的因素。

作为世界顶尖的科技领先企业，IBM 多次引领前沿科技的发展。1995 年，在很多人还不知道电子商务为何物时，IBM 就预先提出电子商务（e-business）战略理念。2009 年，IBM 前瞻性地提出智慧地球的概念，但从实际发展看，智慧地球和智慧城市遇到了三个重要问题。

第一个问题是，智慧城市的发展动力是什么。一些专家认为，智慧地球等概念与世界上已出现的信息技术概念，几乎有一一对应的关系，可以说是已有技术的另一种说法。更透彻的感知与环境智能，更全面的互联互通与物联网，更深入的智能化与服务互联网，几乎都是同一事物的不同提法。

智慧城市的发展通过规划还是自然发展实现，也是一个存在争议的问题。事实上，亚马逊、脸书、阿里巴巴、腾讯、京东等互联网巨头已经通过各种方式进入城市的服务中，在支付、物流、电子商务、政务处理等方面对整个城市产生了巨大的影响，而这些是智慧地球和智慧城市规划原本没有意识到的。

第二个问题是智慧地球与智慧城市的战略安全问题，中国4万亿投资计划推出之时，智慧地球战略就强调，"实体基础设施和信息基础设施不应该分开建设，而应该是统一的智能基础设施"，希望急中国政府之所急、想中国政府之所想。

但是，中国在发展与智慧地球密切相关的技术时，如果完全采用一家公司的技术和产品，将可能导致中国相关技术自主研发能力的丧失。另一个更为严重的问题是，虽然物联网、云计算、智慧城市乃至智慧地球具有广阔的应用前景和巨大的市场规模，但其存在的可靠性、安全性等方面的问题，目前还没有有效的解决办法。有专家认为，以中国现有的信息安全防护体系，实在难以保证事关国家安全的敏感信息不外泄，中国所面临的国家信息安全风险必将越来越严峻。

第三个问题是智慧城市的信息孤岛问题。有一段时间，智慧城市在世界范围内得到大力推进。2012年，中国智慧城市试点工作启动，住建部已公布3批近300个智慧城市试点名单；500多个城市进行试点，在交通、医疗、政务等领域取得初步成果。然而，智慧城市的概念并不清晰，出现盲目炒作、顶层设计缺乏、基础不扎实等问题，智慧城市作为信息技术变革时代背景下产生的新概念，至今还没有统一的定义。由于没有统一的定义，在建设中出现了真智慧与假智慧之争。住建部原副部长仇保兴指出，一些智慧城市不能解决任何一种城市病，有的是被 IT 企业"绑架"，成为企业推销产品的渠道；有的是被政府部门"绑架"，部门间形成信息孤岛互不往来；还有不少则是为了"忽悠"，更有甚者，有些地方的智慧城市从规划上就是错误的。

城市大脑，基于互联网大脑模型的智慧城市建设

几乎在 IBM 提出智慧地球，推进智慧城市建设的同时，互联网从 2008 年也开始爆发式增长，与 IBM 希望独立撑起整个地球的 IT 架构不同，互联网在科学研究和商业竞争两个车轮的推动下，出现了谷歌、百度、阿里巴巴、腾讯、脸书、亚马逊、英伟达（NVIDIA）、Mobilogix、帕兰提尔等一大批互联网巨头公司，从不同角度实现了整个人类社会的联网化和智能化。

近 20 年以来，数百万家前沿科技企业不断推进城市、人类社会的智能发展，应该说智慧城市原本是互联网发展到一定程度，向城市建设自然蔓延和深入的结果。因此，建设智慧城市不能忽略互联网的发展趋势和进化规律。城市大脑作为互联网大脑与智慧城市建设结合的产物，会继承互联网大脑的基本特点，因此基于互联网大脑架构实现的智慧城市系统也可以被称为城市大脑，而基于互联网大脑架构建设的城市可以称为类脑城市，如图 3.1 所示。

2015 年，笔者团队在著名的程序员网站 CSDN 上发表《基于互联网大脑架构的智慧城市建设》一文，提出城市大脑的概念，并在之后形成了更为详细的内容和定义。

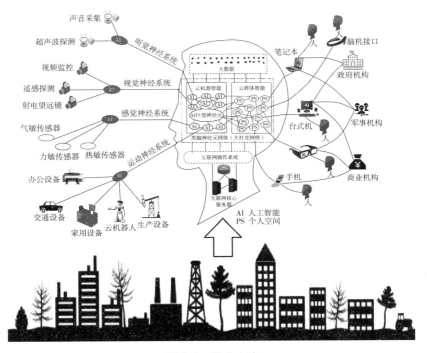

图3.1　城市大脑

　　城市大脑是指，在互联网的发展过程中，城市建设逐步形成自己的中枢神经系统（云计算）、城市感觉神经系统（物联网）、城市运动神经系统（工业4.0）、城市神经末梢（边缘计算）、城市智慧（大数据与人工智能）以及城市神经纤维（通信技术）。以此为基础形成城市的两个核心功能：一是城市神经元网络系统（城市大社交网络），实现城市中人与人，人与物，物与物的信息交互。二是城市大脑的云反射弧，实现城市服务的快速智能反应。云机器智能和云群体智能是城市智能涌现的核心动力。基于互联网大脑模型的类脑城市系统被称为城市大脑。

　　自2015年城市大脑的定义被提出以来，阿里巴巴、腾讯、滴滴、华为、科大讯飞和谷歌也提出建设城市大脑的相关方案。为解决智慧城市的问题，城市大脑逐步成为阿里巴巴、腾讯、华为、科大讯飞等科技巨头争夺的焦点之一。

2016 年 10 月，在阿里巴巴召开的云栖大会上，杭州市发布了城市大脑计划。阿里 ET 城市大脑的内核采用阿里云 ET 人工智能技术，可以对整个城市进行全局实时分析，自动调配公共资源，修正城市运行中的问题，最终将进化成为能够治理城市的超级人工智能。2017 年，依托阿里云建设的城市大脑成为国家新一代人工智能开放创新平台。

在 2017 年 12 月 18 日举行的华为智慧城市峰会 2017 上，华为宣布对智慧城市的定位是打造城市神经系统，实现"万物感知 – 万物连接 – 万物智能"，华为 EBG 中国区智慧城市业务部副总工李一川说，华为智慧城市的解决方案可以概括为"一云、二网、三平台"。其中，云平台构成了中枢神经系统；二网是城市通信网和城市物联网构成的周围神经系统；而上面的各种应用就是在这套神经系统的基础上生长出来的各种器官，用来实现不同的功能。

2018 年 5 月，腾讯云在"云＋未来"峰会上推出腾讯超级大脑，同时也提出城市超级大脑的系统框架，腾讯希望把城市超级大脑打造成城市场景数字世界的操作系统，把腾讯的 AI、云计算、大数据等各项技术，输出给城市规划领域的应用，解决"跑腿多，排队长、体验差"等难题，构建更高效、更智能的社会。

2018 年 8 月 22 日，在中国智慧城市国际博览会上，科大讯飞发布了城市超脑计划，科大讯飞于 2014 年推出讯飞超脑，2018 年向智慧城市领域的迈进是讯飞超脑的又一次扩张。在科大讯飞的规划中，城市超脑计划将分为五步：第一步是建立"时空记忆"，打通规划模型与实际数据之间的通道；第二步是数据贯穿，如统一交通、安防、小区的摄像头，保存车、人、物流动的信息；第三步是发现问题；第四步是更新知识；第五步是持续成长。

建设城市大脑的三个关键点

虽然每个科技巨头关于城市类脑建设的描述千差万别，但其关键内容是，这些科技企业将自己的核心产品和优势与互联网大脑进行结合，进而融入智慧城市的建设中去。

但应该指出的是，在具体实施时，一种意见认为，城市大脑应该作为一个超级的人工智能系统进行建设，负责处理和调度一个城市的各种数据和设备，这种意见认为："很多人在听到城市大脑的时候，第一反应是应该模仿人的大脑，这一点有失偏颇，'Brain'这个词不是人类的专属词，因此城市大脑就是一个城市的大脑，和人类大脑没有任何关系。"

还有观点提出："城市大脑要搭建的是整个城市的人工智能中枢，而非建设城市的手或脚。城市大脑只是一个对城市信息进行处理和调度的超级人工智能系统。"

这些观点代表了产业界和学术界对如何建设城市大脑的不同意见，如果从互联网大脑和城市大脑的定义来看，有三个关键点需要关注。

第一个关键点是，城市大脑不仅是一个 AI 系统，更是一个聚合人类智能和机器智能的类脑复杂巨系统，这一点已经从互联网大脑的左右大脑架构中体现出来，城市大脑的核心之一是类脑神经元网络，最重要的发展动力是云群体智能。如果不能用大脑模型构建和研究城市大脑，就无法发现城市大脑的核心是类脑神经元网络，而不仅仅是依托云计算形成的人工智能系统。2008 年，IBM 提出，智慧城市的建设，正是由于不能很好地把城市的各个要素连接在一起，后面 10 年里才没有得到较快的发展，只有当城市被类脑神经元网络连接后，AI 系统才有用武之地。

需要着重指出的是，除了 AI 系统和联网的智能设备，城市中各个领域的专家和民众形成的群体智能在城市大脑的运转和决策中也起到很大的作用，如在发生火灾、出现犯罪、爆发自然灾害时，不能只让 AI 系统处理，还需要城市领导和专业人士的介入和决策，而群体智能与 AI 的结合必须通过类脑神经元网络才能实现。一些城市在实践中已经意识到这个问题，例如 2018 年 2 月，上海市提出以类脑神经元网络为基础的城市大脑计划。

第二个关键点是，城市大脑体现智能的关键——云反射弧机制问题。正是由于类脑神经元网络、感觉神经系统、运动神经系统在城市建设中的发育，云反射弧才得以形成。

我们需要用人类大脑模型分析智慧城市建设，如此才能区分城市神经元网络、感觉神经系统、运动神经系统、神经纤维、神经末梢的发展特征，由此一个城市的反射弧架构才能出现。

城市云反射弧反映了一个城市提供的各种智慧服务的种类和在处理城市各种问题过程中的反应速度，城市云反射弧的种类越多，反应速度越快，其智能程度也会越高。城市云反射弧包括安防云反射弧、金融云反射弧、交通云反射弧、能源云反射弧、教育云反射弧、医疗云反射弧、旅游云反射弧和零售云反射弧等。

智慧城市中已经出现很多神经反射弧案例，例如，无锡消防部门开始应用家庭火灾远程监控和救助系统，它的工作过程是一个典型的基于互联网大脑的城市神经反射弧。当发生火灾或其他紧急事件时，探测器发出报警信号，火警信息将通过 GPRS（通用分组无线业务）传输到全市 119 火灾调度指挥中心，消防员在接到报警后，第一时间赶赴现场开展救助。如果不用大脑模型分析城市大脑架构，上述城市大脑的重要机制就很难被重视和描述。

第三个关键点是，城市大脑之间的相互协同问题，从城市大脑的产生来看，它并非作为一个独立的巨系统存在，而是在互联网大脑模型与现实世界的地理位置结合时，由于城市的复杂性而形成的巨大神经节点，也就是说，城市大脑本质上是互联网大脑的特殊神经节点。

因此在实际应用中，城市大脑不应该作为孤岛系统进行建设，而需考虑城市大脑之间的互补和协同效应，以及如何通过更高一级的互联网大脑架构形成联动。例如，城市大脑中枢神经系统的建设，是通过云计算以及运行在其上的应用程序——数据库程序和 AI 程序，对城市大脑的其他神经系统进行控制。但一个城市的神经中枢系统很可能在另外一个城市建设，例如北京城市大脑的云计算基地可以建设到贵州省，而大数据中心可以分布在杭州或成都。这说明城市大脑的建设不能只局限在一个城市的内部，而需要在全国甚至全球范围内进行统筹规划。

城市大脑的神经元网络也不会只局限在这个城市的地理范围内，往往会扩大到其他城市甚至不同大洲，如城市劳务输出，城市之间的工程协同管理，城市工作人口全球化，这种情况会让城市大脑的类脑神经元网络（大社交网络）扩大到城市以外。例如，上海市建设类脑神经元网络平台，连接了上海市的居民、系统和城市设施，但那些在海外的上海居民或与上海在商业、经济、教育、劳务上有关系的人也需要加入这个网络。

另外，城市大脑的云反射弧也不会局限在一个城市内，与人脑的反射现象相对应，城市大脑的云反射弧的建设，说明了一个城市在提供各种智能服务过程中的种类和反应速度。由于城市大脑的神经元和中枢神经系统不局限在城市内部，城市大脑的云反射弧往往会超出城市边界，在几千或上万千米的范围内实现反射。

例如，深圳市要建设一座标志性科技摩天大楼，这个需求首先会通过深圳市的类脑神经元网络发布给世界范围内的著名设计师，他们向深圳市政府的社交账号（神经元）提供设计思路或报名。当这栋摩天大楼开始建设时，深圳市的城市大脑系统会不断跟踪世界范围内的建筑材料和电子设备的运输状况，确保项目的正常进展。这些需求所涉及的云反射弧的覆盖范围远远超过深圳市的地域范围。

城市大脑的应用范例：上海城市大脑

2018 年 1 月 30 日，历经近一年的调查研究，上海市正式发布《贯彻落实〈中共上海市委、上海市人民政府关于加强本市城市管理精细化工作的实施意见〉三年行动计划（2018—2020 年）》。行动计划提出，上海市要做强城市大脑和神经末梢。

上海市的行动计划提出，超大城市管理要像绣花一样精细，必须引入智能化手段，借助现代科技，为改进城市公共服务管理、提升超大城市治理水平提供强有力的科技支持。

上海市将加强城市管理神经末梢建设，打造感知敏捷、互联互通、实时共享的神经元网络系统；深化智能治理，以城市网络化综合管理信息平台为基础，构建城市综合管理信息平台，推进城市大脑的建设。

按照上海市的规划，每一个神经元，都是城市管理的基本单位，下游是城市末梢，通过智能感知收集单位内每一块细小区域的数据，汇集至神经元后，再传送给最上游的城市大脑中枢神经系统，通过智能判断和数据分析，提升城市运营管理水平。

以上海市徐汇区田林十二村 2017 年 10 月开始的神经末梢建设为例，

在田林十二村居委会内，有一块巨大的电子屏幕，显示小区人流、车辆等实时数据，随意点击一个门牌号，就能看到门外的监控录像。智能系统与监控结合，实现对小区的人口管理，已录入的人口信息在一段时间内未在小区出现，系统会自动推送信息提示民警上门核查。如果检测到超过一定数量的陌生人连续进入同一幢楼，会提示有群租嫌疑。

高科技人脸识别技术也被应用在居民楼的管理中，承担神经末梢安全感知的作用，田林十二村随处可见的消防栓被装上电子监控系统，通过太阳能供电，自动监控水温水压变化。独居老人家中安装了烟感报警器，与子女的手机 App 相连接，一旦发现家中冒烟，就会立即报警，这也是一个标准的城市云反射弧案例。

在上海，沿街商铺也成为神经元的一部分。在静安区彭浦新村，政府管理者在每家店面挂上了"电子身份证"，只要扫一扫店门前的二维码，管理者就能看到一套完整的数据库，包括业主信息、商铺产权信息、店招店牌等。对于普通消费者而言，可以通过扫描二维码进入对店铺的评价、投诉系统，第一时间进行商品评价或投诉举报。①

城市大脑有多聪明

城市大脑本质上是互联网类脑架构与城市建设相结合的产物，我们知道人类大脑存在智商的评测，那么城市大脑也应该可以进行智能水平的评估和测量，这就是城市大脑和智慧城市的智商研究方向。

科技的发展已经使城市变得越来越智能，例如在 2018 年，宁波内河管理部门对城区内河水位监测设备进行升级，安装了 132 个新的视频监控点位。依靠这些"千里眼"，工作人员可以第一时间

---

① 　http://news.sina.com.cn/c/2018-03-06/doc-ifyrzinh4019540.shtml.

掌握潮位、水位等即时监测数据和图像资料。在发生强降雨时，其还可定时向防汛人员发送内河水位、三江潮位、闸门启闭等动态信息，为决策提供依据。这样，宁波的城市管理者可以随时了解水患的情况。①

从2017年开始，澳大利亚墨尔本政府投资在市区安装了超高速光纤网络，使整个城市的网速上升到新的台阶；基于强大的城市通信系统，澳大利亚多个片区安装了智能照明和智能停车提示设施，帮助市民更方便地找到停车位；路边的寻路站帮助游客畅游城市；资源管理技术也可直接监测附近河流的水质。②

城市大脑的核心是城市神经元网络和城市云反射弧。云计算、物联网、工业4.0、大数据和边缘计算等相关领域的技术都是在为它们提供支撑。城市智商测试量表见表3.1。

表3.1 城市智商测试量表

一级指标	二级指标	三级指标
城市神经网络（城市大社交网络）	城市神经网络完善程度	
	城市神经网络统一程度	
	城市神经网络覆盖程度	
	城市神经网络活跃程度	
城市云反射弧	安防云反射弧	反射弧反应速度
		稳定性（健壮性）
	金融云反射弧	反射弧反应速度
		稳定性（健壮性）
	交通云反射弧	反射弧反应速度
		稳定性（健壮性）

① http：//www.sohu.com/a/229076243_395018.

② 熊翔宇，郑建明.国外智慧城市研究述评及其启示［J］.新世纪图书馆，2017.

续表

一级指标	二级指标	三级指标
城市云反射弧	物流云反射弧	反射弧反应速度
		稳定性（健壮性）
	能源云反射弧	反射弧反应速度
		稳定性（健壮性）
	教育云反射弧	反射弧反应速度
		稳定性（健壮性）
	社区云反射弧	反射弧反应速度
		稳定性（健壮性）
	医疗云反射弧	反射弧反应速度
		稳定性（健壮性）
	旅游云反射弧	反射弧反应速度
		稳定性（健壮性）
	零售云反射弧	反射弧反应速度
		稳定性（健壮性）
	农贸云反射弧	反射弧反应速度
		稳定性（健壮性）
	环保云反射弧	反射弧反应速度
		稳定性（健壮性）
（根据研究可以持续增加）		

　　由于不同城市的地域规模、人口数量有很大不同，考察一个城市的智商，不能简单地以一个城市的云计算、大数据和物联网的发展水平进行衡量，而应该重点观察与城市规模、人口数量无关的城市神经元网络覆盖程度和城市云反射弧的建设情况。

　　由此，城市智商可以这样定义：城市智商是基于互联网大脑模型，对目标城市的城市神经元网络（城市大社交网络）、城市云反射弧两个核心要素进行综合评测，以测量该城市在测试时间点的智力发展水平，测试结果就是该城市在该时间点的城市智商。

从表 3.1 可以看出，测试一个城市的智商主要从城市神经元网络和城市云反射弧两个领域进行，在具体测试时，还需要对这两个领域进行进一步细分，以更加符合城市的发展情况。

对于第一个领域——城市神经元网络，测试量表共建立了 4 个二级指标。

- 城市神经元网络的稳定性，代表城市神经元网络的硬件基础设施和软件系统的稳定性，可以通过系统的年度故障率来进行测量。

- 城市神经元网络的统一程度，目前智慧城市系统的种类过于繁多，相互不能联通，降低了城市神经元网络架构的统一性，因此可以通过测量一个城市的智慧城市系统的数量和大社交网络的建设情况，来评判城市神经元网络的统一程度。

- 城市神经元网络的覆盖程度，这个指标主要评测一个城市的人口、商业机构、政府机构和城市设备有多大比例连接到一个统一的大社交网络中，并可以进行信息交互。

- 城市神经元网络的活跃程度，这个指标主要评测连接到城市大社交网络中的人口、商业机构、政府机构、城市设备的信息发送和交互活跃程度。

对于第二个领域——城市云反射弧的测试，主要反映出一个城市提供的各种智能服务的种类和反应速度，城市云反射弧的种类越多，反应速度越快，其智能程度越高。城市云反射弧在测试量表中共建立 N 个二级指标和两个三级指标（健壮性、反应速度）。

智慧城市建设涉及的云反射弧种类很多，如安防云反射弧、金融云反射弧、交通云反射弧、能源云反射弧、教育云反射弧、医疗云反射弧、旅游云反射弧和零售云反射弧等。这些云反射弧的种类也会随着智慧城市的发展产生变化，为了便于规范和测量，可以为智慧城市设立城市标准云反射弧种类库，每年对城市标准云反射弧种类库进行调整。

在实际评测时，还需要通过专家打分法对各个二级指标项赋予权重，这样就可以形成如下计算公式：

City $IQ = A * IQ$（城市神经网络）$+ B * IQ$（城市云反射弧）$= A_1 *$

IQ（城市神经网络完善程度）$+ \cdots + B_1$（安防云反射弧）$+ \cdots$

其中 A、B 为一级指标的权重，A_1，$A_2 \cdots B_1$，$B_2 \cdots$ 为二级指标的权重，而且 $A + B = 100\%$，$A_1 + A_2 + \cdots + B_1 + B_2 + \cdots = 100\%$。

我们以上海市为例来介绍如何对一个城市的智商进行测试，由于目前关于一个城市的很多关键数据不足，下面我们给出模拟数字，仅做参考。

我们首先研究上海市的居民、商业机构、政府机关以及上海市的车辆、大楼、家庭智能设备、工厂智能设备、电力设施和路灯道路等重要城市设施有多少被连接到一个大社交网络中，并可以进行相互的关注和交流。

上海市统计局在 2018 年 3 月 8 日更新的数据显示，上海市全市常住人口在 2017 年年底，也就是 2018 年年初的时候达到 2 418.33 万人。这近 2 500 万人使用的社交软件包括微信、QQ、脸书、推特等。

使用人数最多的是微信，根据腾讯公布的微信数据，在城市渗透率方面，一线城市渗透率达到 93%，二线城市为 69%，在三到五线城市，微信渗透率不到 50%。由此可以确定，2018 年上海市有超过 2 000 万人口被连接在一个大社交平台上。

但上海市各类城市设施元素有多少被连接到微信或类似社交平台上，还没有具体的公开数字，这其中包括上海市的每一个路灯、每一辆汽车、每一栋大楼、每一条输油管道、每一个家用电器、办公设备和工厂设备等。我们假定有 10 亿个城市设施元素，其中有 20% 被连接，那么上海市类脑神经元网络的完整性为（10亿×20%＋0.2亿）／（10亿＋0.25亿）＝21%。

另外需要考核的是，上海市在提供各种重要的城市服务中体现的反应速度和反应质量。例如，可以通过上海交通部门了解居民在出行时呼叫出租车或滴滴车辆的反应速度；通过上海消防部门了解城市发生火灾时，消防人员或消防机器人到达相应地点灭火的时间和效率；通过上海卫生部门了解当有人生病或受伤时呼叫救护车的方式和救护车到达时间等。最后对这些数据进行处理，并按照一定权重相加，就可以得到上海的城市智商。

由于目前世界各个城市的城市大脑发育还处于初级阶段，很多数据不完善，对一个城市的智商进行评测并得出确切的结果是非常困难的。

总体来看，城市大脑是在互联网与城市建设结合的大背景下产生的，由互联网大脑衍生的电子商务、社交网络、物联网、云计算、工业互联网、人工智能等不断与城市的每个企业、每个居民、每个建筑、每个部门结合，城市在不知不觉中变得智能起来。城市大脑和类脑城市不是规划出来的，而是通过商业和科学的力量在城市各个角落里悄然发展壮大的，我们需要用科学的方法研究城市大脑的发展规律，帮助企业、政府、投资机构了解这些规律，判断未来科技的发展动向。

第二部分

哲学与科学

第四章 ‖ 世界和脑的哲学认知，一脉相承的千年思考

导语：人类很早就朦胧地发现，社会组织具有神经系统的特征。自 19 世纪以来，一些哲学家不断把人类社会设想成一个类脑有机体。其中有三位先驱的观点特别值得关注，分别是卡恩的工具与器官映射、麦克卢汉的社会神经网络、彼得·罗素的全球脑或地球脑。互联网大脑模型的形成，在理论上与这些先驱的观点是一脉相承的。

思想家的共同认知：社会是一个大脑

历史上有很多人独立揭示了社会可以被看作有神经系统的有机体，例如，认为国王是头、农夫是脚的观点，至少可以追溯到古希腊。

这个类推为 19 世纪的哲学家提供了灵感。1876 年，英国哲学家赫伯特·斯宾塞（Herbert Spencer）提出了社会有机论，详细比较了动物有机体和人类社会。他提出，在动物中存在中枢神经、营养和静动脉，在社会中相对应的是政府、道路、电报和商业等。斯宾塞发现

两者当中都有调节、维持和循环分配三个系统，据此他又把社会成员分为三等：一是从事生产的工人和农民；二是从事循环分配工作的商人、企业家和银行家；三是从事调节工作的政府管理人员和官吏。

斯宾塞断言，这三种人同时并存是由社会有机体的本性决定的，他们互相合作，各司其职，以维护社会的平衡和秩序。斯宾塞的这个观点可能不被很多人知道。他为人所知的是另一个称号——社会达尔文主义之父。虽然斯宾塞因此受到巨大争议，但他在许多哲学课题上做出了突出贡献。①

法国著名进化论神学家德日进（P. Teilhard de Chardin）在 20 世纪初进一步关注了社会有机体的精神因素。他把人类放在自然界来认识，认为人类只是自然界的一部分，是动物的一种。但是德日进又把人类看作"地球的智慧皮肤"，因为人类的出现，地球才形成了"智慧圈"或"心智圈"，由此地球有了灵魂和精神。

大约在同一时代，1936 年，著名科幻小说家赫伯特·乔治·威尔斯②（H. G. Wells）提出了"世界脑"的概念。他着重介绍世界脑就是一个世界规模的庞大知识库。威尔斯设想这个世界脑汇聚全人类的知识，以便任何人都能够在需要的时候进行查询。③ 70 年后，谷歌图书计划希望把全世界的图书数字化，以便用户搜索，这正好符合威尔斯的世界脑构想。

除了将人类社会组织架构看作脑的架构，在过去 150 年中，还有三

---

① 李朋．赫伯特·斯宾塞的社会历史观［J］．学习与探索，2004．
② 威尔斯是英国著名科幻小说家、新闻记者、社会学家和历史学家，著名的科幻小说悲观主义流派创始人。他创作的科幻小说对该领域影响深远，如时间旅行、外星人入侵、反乌托邦等作品对 20 世纪科幻小说和哲学思考产生了重要的影响。
③ 朱光立．"科幻小说界的莎士比亚"威尔斯作品述评［J］．成都航空职业技术学院学报，2009．

位哲学家从技术的角度出发，将日益发达的人类技术看作一种神经系统，他们分别是德国技术哲学家恩斯特·卡普（Ernst Karp）、传媒学鼻祖麦克卢汉、《地球脑的觉醒——进化的下一次飞跃》（*The Global Brain Awakens：Our Evolutionary Next Leap*）的作者彼得·罗素。从观点的内容来看，他们的理论有很强的连续性和继承性。

卡普的器官投影理论：技术与器官的关联

　　恩斯特·卡普是德国著名的地理学家和技术哲学家，他于1877年出版了《技术哲学纲要》一书，首次使用了"技术哲学"一词，因此卡普被称为技术哲学的创始人。他在这本书中提出了著名的"器官投影"学说，即人类在制造工具时会不自觉地模仿自己的某个器官。

　　卡普对许多器物和工具做了详尽的解释："大量创造物突然涌现出来。弯曲的手指变成了一只钩子，手的凹陷成为一只碗；人们从刀、矛、桨、铲、耙、犁和锹等，看到了臂、手和手指的各种各样的姿势。"卡普可谓是把技术发明与人体器官关联起来的第一人。

　　卡普运用"器官投影"学说解释了当时已知的各种技术现象，比如，斧子和剪刀是手和手指的投影，暗室是眼睛的投影，电报是神经系统的投影，国家则是人的身体的投影。①

　　虽然"器官投影"学说距今已有近150年，但这个理论中关于技术发明与人体器官的相似性，技术发展的系统性以及注意"投影"的目的以发挥技术的功能性等观点，对后续科技哲学、社会学、传媒学以及现代技术的发展仍有重要的借鉴意义。

---

① 郭明哲．恩斯特·卡普：技术哲学奠基者［J］．理论界，2008．

因为时代的原因，卡普无法预知互联网的诞生，但作为人类群体智能建设的产物，按照卡普的理论，互联网是人类大脑的投影可以看作自然而然得出的结论。

传媒学科创始人麦克卢汉的社会神经网络

美国传媒学家麦克卢汉是传媒学科领域著名的奠基人和学者。1964 年出版的《理解媒介：论人的延伸》（*Understanding Media：The Extensions of Man*）是麦克卢汉最重要的著作。在这本书里，作者首创了现代社会习以为常的术语"媒介"，提出了为媒介研究者津津乐道的概念，如"地球村"和"信息时代"等，阐述了媒介即讯息、媒介即人的延伸、热媒介与冷媒介的学术观点。

麦克卢汉提出，人类进步的历史就是一部其感觉和运动器官不断延长的历史：棍棒延伸了双臂；石头延伸了拳头；汽车、火车延伸了双腿；望远镜、显微镜延伸了眼睛；传递信号的锣、鼓、电话线延伸了耳朵；大工业革命后出现的公路网、铁路网、飞机航线、海运航线最终使人类四肢实现联网（如图 4.1 所示）。

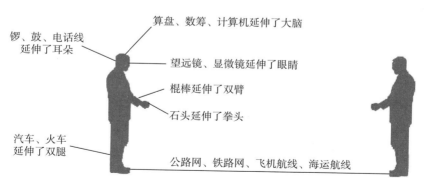

图 4.1　人类器官通过技术延伸

在麦克卢汉看来，从文字和轮子被发明之日起，人类就凭借技术实现了身体的延伸。他为此举例说，如果轮子是脚的延伸，工具是手、腰背、臂膀的延伸，那么电磁技术就是神经系统的延伸。麦克卢汉在其《理解媒介：论人的延伸》中对社会与脑的关系进行了这样的描述："在过去数千年的机械技术时代，人类实现了身体在空间中的延伸；在一个多世纪的电子技术时代，人类已在全球范围内延伸了自己的中枢神经系统并进一步在全球范围扩展。"

从理论来源上看，麦克卢汉的媒介延伸论与器官映射是一脉相承的，在"器官投影"学说提出百年之际，麦克卢汉在形而上学的层面，将一切使人体和感官延伸的技术工具与人体器官联系起来，例如电影、电脑、广播、报纸等是人类眼睛、耳朵和大脑的延伸，并由此提出"媒介是人的延伸"的著名论断。

麦克卢汉对媒介的理解大胆而独特，《纽约先驱论坛报》（*The New York Herald Tribune*）评价麦克卢汉是"继牛顿、达尔文、弗洛伊德、爱因斯坦和巴甫洛夫之后最重要的思想家"；日本人几乎翻译了麦克卢汉的全部著作，"麦克卢汉学"随之兴起。

英国哲学家彼得·罗素的地球脑（全球脑）

1983 年，英国哲学家彼得·罗素撰写了《地球脑的觉醒：进化的下一次飞跃》，对麦克卢汉的观点做了进一步的延伸和说明，他提出人类社会通过政治、文化、技术等各种联系使地球成为一个类人脑的组织结构，也就是地球脑或全球脑（如图 4.2 所示）。

彼得·罗素在这本书中提到"媒介革命引起人类知觉的整体进化，地球有难以胜数的进化阶段，其中 3 次最为重大的跃进都是以大数据为基础的：第一次是约一百亿原子交互作用形成了有生命的细

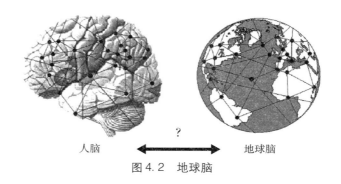

人脑　　　　　　　　　　　　地球脑

图 4.2　地球脑

胞；第二次是约一百亿细胞经过复杂的交互作用进化成具有自我反射系统的大脑；第三次是近百亿人口（目前约为 70 亿）通过计算机、互联网、传真、电话等进行复杂的交互作用从而形成觉醒的地球脑"。而"宇宙也会因为一百亿觉醒星球的相互作用和复杂的关联，而成为终极的觉知体"。

《地球脑的觉醒：进化的下一次飞跃》不但涉及快速发展的全球信息网，也对个人和地球的变化进行讨论。彼得·罗素对于人类给环境带来的巨大威胁发出了警告，提出人类是生活在一个星球上的一族人类，具有一个共同的命运。他认为，在人类进化的这个关键阶段，最重要的不是与饥饿、通货膨胀、污染、政府腐败做斗争，虽然这些都是重要问题。然而，要战胜这些问题，我们首先必须打赢与我们自己的战争：在我们思想里的自我中心模型和生命含义超越满足自我需求的内在觉知之间的战争。随着我们开始在这个多变的世界获得更强的内在稳定性和平常心，我们可能有勇气来表达深刻的价值观，使用我们的科学技术来创造我们真正想要的世界。①

彼得·罗素是英国剑桥大学理论物理和实验心理学学士，曾获得

---

① 彼得·罗素. 地球脑的觉醒：进化的下一次飞跃 [M].哈尔滨：黑龙江人民出版社，
　　2003.

计算机科学硕士学位。他去印度学习研究东方哲学，回到英国后开始研究冥想心理学。他试图整合东方和西方对心灵的理解，去探索和发展人类意识。彼得·罗素对很多企业开展了以地球脑为理念的团体修习项目，他过于偏向灵性、冥想、觉醒、修行，神秘化和宗教化倾向使他受到巨大争议。

应该说，卡普、麦克卢汉、彼得·罗素等先驱已经意识到工具、技术甚至社会形体与人类器官的关系，但总体来看，这些思考还属于社会学和哲学层面。对于 1969 年诞生的互联网，其技术和应用的类脑特征要到 21 世纪互联网爆发以后才会逐步显现出来。

第五章 ‖ 两个世纪的类比：原子与太阳系，互联网与大脑

导读：类比是科学探索的三大法宝之一，原子和互联网分别是20世纪和21世纪最重要的结构，在探索时都用了类比的方法，其中原子出现了葡萄干蛋糕模型、土星模型和太阳系模型，而互联网出现了网状模型和大脑模型。虽然都用到了类比的方法，但互联网由于体积庞大、变化速度快、涉及元素多，成为比原子更难研究的对象。

21世纪以来，前沿科技进展不断提醒我们，互联网与人类大脑之间有着很强的相似性，这个研究得到很多支持和认同，但也受到过否定和批评。一种比较激烈的批判意见认为：将互联网与大脑两个巨系统进行对比是一种取类比象、先入为主的研究方式。那么，从科学研究的方法论来看，类比在科学发现中究竟有没有自己的地位，在科学的发展历史上有没有先例呢？

类比在科学发现中的重要价值

科学发展史表明，科学的突破往往是在各种理论的竞争中实现的。要使新理论或新观点为众人所接受，就需要利用各种事实或现象来论证其合理性，使之具有说服力，而类比在这个过程中则能起到非常重要的作用。

例如，近代的科学家虽然从光的大量现象中归纳出一些几何光学的定律，如直线行进、反射定律、针孔或透镜成像定律等。但是，在涉及光的本质以及这个本质又怎样支配光的各种现象时，则一直无法突破。

17世纪，牛顿和笛卡儿首先将光与质点做类比，以质点运动的基本思想作为线索假定光像粒子那样运动，这样来归纳光的已知事实，提出了光的粒子假说。但是，光的粒子假说在解释光的折射现象上出现了很多问题，更解释不了光的绕射、干涉、衍射等现象，荷兰科学家惠更斯（Huygens）和后来的汤姆斯·杨（Thomas Young）把光同声波和水波做类比，提出光的波动假说，较好地解释了上述所有现象。[1]

演绎、归纳和类比是科学探索最重要的三种研究方法，其中演绎是从已知的一般结论中推出特殊的个别结论，例如，如果行星都是运动的，地球是行星的一种，那么演绎出的结论就是地球是运动的。

归纳是从许多已知的现象中推出一般的结论，例如，已知欧洲有矿藏、亚洲有矿藏、非洲有矿藏、北美洲有矿藏、南美洲有矿藏、大洋洲有矿藏、南极洲有矿藏，而欧洲、亚洲、非洲、北美洲、南美洲、大洋洲和南极洲是地球上的全部大洲，所以地球上所有大洲都有矿藏。

类比是由两个对象的某些相同或相似的性质，推断它们在其他性

---

① 仲扣庄. 类比方法与光的本性的探索［J］. 大学物理，2003.

质上也有可能相同或相似的一种推理形式。类比不受已有的一般结论的束缚，也不受个别知识不足的限制，可以大胆地从已知的事物推测未知事物的原理。因此，类比被大量用在包括生物、物理、天文、化学、科技哲学等诸多领域。许多重大科学发现都源于类比。

例如，卢瑟福提出的太阳系原子结构模型，就是把太阳与原子核进行类比，除此之外，哈维（Harvey）发现血液循环，路易·德布罗意（L. de Broglie）提出物质波理论等，都是通过类比法提出科学猜想然后加以验证的。

从上述案例我们可以看到，类比是一种重要的富有创新性的推理方式。在科学认知中起到不可替代的作用，许多哲学家、科学家对类比的价值倍加称道。爱因斯坦说："在物理学上，因为看出了表面上互不相关的现象之间有相互一致之点，加以类推往往可以得到很重要的进展。"

麦克斯韦说："我认为借助物理的类比方法，两门学科规律之间的部分类似，将使我们能以两门学科中的一门学科来说明另一门学科。"而黑格尔把类比评价为"理性的本能"，他说："类比的方法应在经验科学史上占很高的地位，而且科学家也曾依照这种推理方式获得很重要的结果。"可见，类比在科学方法论中占有极为重要的地位，在科学认知中有着不可低估的作用。①

2000 年的探索，通过类比发现原子的秘密

通过对自然科学史进行深入研究可以发现，在 20 世纪物理学最

---

① 刘春杰，刘志栋. 类比推理的基础、特征和功能［J］. 青海师范大学学报：哲学社会科学版，1988.

重要的一个物理结构——原子的研究过程中，科学家正是通过不断类比，推动了原子结构的最终确定，这其中就包括原子的葡萄干蛋糕模型、原子的土星模型、原子的太阳系模型等。

原子最早是哲学中解释世界基本构成的抽象概念，原子论的创始人是古希腊人留基伯（Leucippus）和德谟克利特（Democritus）。他们认为，世界本原或根本元素是原子和虚空。原子在希腊文中是"不可分"的意思。随着人类认知的进步，原子逐渐从抽象的概念成为科学的理论。原子核和电子构成原子，而原子又可以构成分子。原子是近现代物理学重要的基础结构之一。它的结构发现经历了很多波折。

经过2 000多年的探索，科学家在17~18世纪通过实验，证实了德谟克利特等人预言的原子的存在。1789年，法国科学家拉瓦锡（Lavoisier）定义了原子一词，从此原子就用来表示化学变化中的最小单位。在很长时间内，人们都认为原子就像一个小得不能再小的玻璃实心球，里面再没有什么结构了。

1897年，英国物理学家约瑟夫·汤姆逊（Joseph Thomson）发现了电子以及它的亚原子特性，粉碎了一直以来原子不可再分的设想。1859年，德国的普吕克尔（Plücker）利用盖斯勒管进行放电实验时看到，正对着阴极的玻璃管壁发出绿色的辉光。那么，阴极射线是由什么组成的呢？对此众说纷纭，一时得不出公认的结论。

汤姆逊在1897年得出结论：这些射线不是以太波，而是带负电的物质粒子。通过测量他发现，这种粒子的质量比氢原子的质量小得多，前者大约是后者的1/2 000。人类首次用实验证实了一种基本粒子——电子的存在。汤姆逊的实验指出，原子是由许多部分组成的，这个实验标志着一个科学新时代的到来。人们称他是一位最先打开通向基本粒子物理学大门的伟人。

在发现电子之后，面对电子在原子中处于什么位置，体现什么样的原子结构的问题，汤姆逊模型认为，正电荷均匀分布在整个原子球体中，带负电的电子散布在原子中，这些电子分布在对称的位置上。当这些电子静止在平衡位置上时，电子就会振动从而使原子发光。也就是说，在这个模型中，电子是均匀分布在整个原子中的，电子镶嵌在正电荷液体中，就像葡萄干点缀在一块蛋糕里一样，所以又被称为葡萄干蛋糕模型（如图 5.1 所示）。①

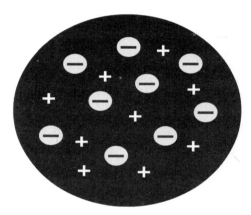

图 5.1　原子的葡萄干蛋糕模型

日本物理学家长冈半太郎（Nagaoka Hantaro）于 1903 年 12 月 5 日在东京数学物理学会上口头发表，并于 1904 年分别在日本、英国、德国的杂志上刊登了《说明线状和带状光谱及放射性现象的原子内的电子运动》的论文。他批评了汤姆逊模型，认为正负电荷不能相互渗透，提出一种他称之为土星模型的结构——围绕带正电的核心有电子环转动的原子模型，一个大质量的带正电的球的外围，有一圈等间隔分布的电子以同样的角速度做圆周运动（如图 5.2 所示）。

---

① 杨建邺，李继宏 . 走向微观世界——从汤姆逊到盖尔曼［M］. 武汉：武汉出版社，2000.

图 5.2 长冈半太郎的原子土星模型

长冈半太郎首先提出的土星型有核原子结构模型理论，成为英国物理学家卢瑟福在 1911 年提出的原子行星模型的先导。这个理论的提出及其对质子存在的预言，在世界上引起很大的反响。为了更深入地研究原子的内部结构，他开始对光谱学进行细致的研究。①

1906 年，英国科学家卢瑟福团队进行了著名的 α 粒子散射实验，即让一束平行的 α 粒子穿过极薄的金箔，按照葡萄干蛋糕原子模型，α 粒子像巨型炮弹一样可以很容易地穿过原子空间，仅仅会受"葡萄干"——电子带来的很小的散射的影响。

卢瑟福团队重复着这个已经做过多次的实验，他们不仅观察到散射的 α 粒子，还观察到被金箔反射回来的 α 粒子。在卢瑟福晚年的一次演讲中曾描述过当时的情景，他说："这是我一生中最不可思议的事情。这就像你对着卷烟纸射出一颗约 38 厘米的炮弹，却被反射回来的炮弹击中一样不可思议。经过思考之后，我认识到这种反向散射只能是单次碰撞的结果。经过计算我发现，如果不考虑原子质量绝大部分集中在一个很小的核中，那么是不可能得到这个数量级的。"

卢瑟福所说的思考，不是思考一天、两天，而是思考了整整一两

①　DA Freiburger. Building a Japanese Research Tradition in Physics：Hantaro Nagaoka and the Spectroscope ［J］. Nuncius-journal of the History of Science，2002.

年。在进行了大量实验、理论计算和深入思考后，他才大胆地提出原子的太阳系模型，推翻了他的老师汤姆逊的实心带电球原子模型。

卢瑟福提出的原子模型像一个太阳系，带正电的原子核像太阳，带负电的电子像绕着太阳转的行星，如图 5.3 所示。在这个微型的太阳系中，支配它们的作用力是电磁相互作用力。卢瑟福的理论开拓了研究原子结构的新途径，然而在当时很长的一段时间内，卢瑟福的原子太阳系模型遭到物理学家们的冷遇。卢瑟福原子模型存在的致命弱点是，正负电荷之间的电场力无法满足稳定性的要求，即无法解释电子是如何稳定地待在核外。很多科学家把它看作一种猜想，或者形形色色的模型中的一个而已。然而，原子太阳系模型在实验中不断得到验证，于是卢瑟福被誉为原子物理学之父。①

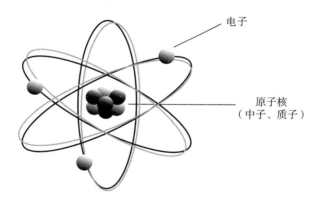

图 5.3 卢瑟福的原子太阳系模型

卢瑟福的原子太阳系模型在此后的 100 年中又得到进一步发展。20 世纪初期，德国物理学家普朗克（Planck）为解释黑体辐射现象，提出量子论，揭开了量子物理学的序幕。1912 年，正在英国曼彻斯

---

① 朱亚红. 史上最美的物理实验——卢瑟福的 α 粒子散射实验［J］. 物理之友，2015.

特大学工作的玻尔（Bohr）将一份被后人称作《卢瑟福备忘录》的论文提纲提交给他的导师卢瑟福。在这份提纲中，玻尔在太阳系模型的基础上引入了普朗克的量子概念，这标志着玻尔模型被正式提出。因为在原子领域做出的贡献，卢瑟福和玻尔分别获得诺贝尔化学奖和物理学奖。

用大脑类比互联网面临的两个困难

100 年前，科学家用不同的模型解释无法用肉眼直接观察的原子架构。这其中包括葡萄干蛋糕模型、土星模型和太阳系模型等。经过大量的实验和理论分析，原子的太阳系模型最终被广泛认同，虽然 21 世纪量子力学的发展使人类对原子架构有了新的认识，但总体上，原子的太阳系模型依然是基础和重要的模型。

100 年后，人类社会和科学领域迎来另一个重要的复杂巨系统——互联网，要理解这个系统，似乎也面临研究原子时遇到的问题，但这次不是因为小，而是因为体积过于庞大和变化过快。

原子和互联网分别是 20 世纪和 21 世纪最重要的系统架构。从科学研究来看，研究原子最大的困难是其体积过小，一个原子的直径大约是 10^{-10} 米，原子核的直径一般为 10^{-15} 米。一个原子与乒乓球相比，就相当于一个乒乓球与地球相比。[1][2]

即使在电子显微镜技术已经高度发达的今天，清晰的原子结构也依然无法获得。相对于肉眼看不到的原子，体积庞大甚至突破地球范围的互联网，在研究上面临两个困难。

---

① 喀兴林. 关于原子物理学课程的现代化问题［J］. 大学物理，1992.
② 杨忠志，牛淑云. 一种描绘原子大小尺寸的半径［J］. 科学通报，1991.

第一个困难是，与原子相对简单的电子、中子、质子构成要素相比，互联网的构成要素异常复杂，包括计算机、服务器、交换机、路由器、电话线、光纤、卫星通信、操作系统、网络协议、数据库、移动手机、传感器、摄像头和机器人等。美国惠普在 2017 年发布报告称，2020 年全世界将有 60 亿人进入移动互联网，500 亿台设备接入移动互联网，然而这还不是互联网发展的顶峰。2030 年，随着万亿台设备接入互联网，机器对机器通信（M2M）的通信数据量将占全部数据量的 50%。

第二个困难是，互联网的变化异常快速。我们知道，作为自然物理系统，原子的结构非常稳定，中心是原子核，电子按规律形成电子云围绕在原子核之外，除非发生特殊的物理和化学反应，否则原子的这一结构不会发生变化。但作为开放的复杂巨系统，互联网从诞生之日起至今，在科技发明和商业竞争的推动下，其结构每时每刻都在发生快速变化，通信线路从电话线到同轴电缆、光纤，再到 3G、4G、5G 移动通信线路；连接的设备从服务器、个人电脑、移动电话，到 VR/AR 设备、云机器人；互联网应用从电子邮件、BBS、万维网、搜索引擎、电子商务、社交网络到物联网、云计算、大数据等。面对涉及元素繁多、发展如此快速的互联网架构，我们要用另一个复杂且有很多未解之谜的大脑架构进行对比研究，其复杂程度要远远高于原子的结构研究。

虽然面临诸多困难，但大脑与互联网的结构特征的互补性为我们提供了一条曲折但精巧的探索通道。从神经学角度来看，大脑体积小，活体实验困难，但经过数亿年的进化，其结构基本稳定，同时经过数千年的研究，大脑的宏观和微观结构已基本清晰，只是大脑形成意识、智能和情感的原因和对应结构尚不明确。而互联网由于体积庞大，宏观和微观观察反而相对容易。

由于互联网大脑暂时还不涉及意识、智能、情感等问题，在研究中，恰好可以很好地先规避掉这个领域。我们首先选取大脑中那些相对重要、稳定和基础的功能结构作为一种靶向架构，观察互联网的发展是否能够与之吻合。这种吻合度越高，互联网大脑就越健壮。

两个世纪的重要科学模型的研究对比

原子和互联网分别是 20 世纪物理学时代和 21 世纪互联网时代最重要的系统架构。原子太阳系模型与互联网大脑模型的对比见表 5.1。

表 5.1 原子太阳系模型与互联网大脑模型的对比

	原子太阳系模型	互联网大脑模型
提出时间	1906 年，20 世纪初物理学时代	2008 年，21 世纪初互联网时代
提出地点	英国卡文迪许实验室	中国科学院虚拟经济与数据科学研究中心、中国科学院大学
研究团队	卢瑟福、马斯登和盖革	刘锋、石勇、彭赓、刘颖
类比目标	太阳系	人类大脑
先前模型	葡萄干蛋糕模型、土星模型	网状模型、海星模型
模型属性	原子和太阳系均为自然界的物理结构，结构较简单，规律相对稳定	互联网和大脑均为与生命有关的结构，结构复杂，规律动态稳定
发现原因	用一束平行的 α 粒子轰击极薄的金箔，出现被金箔反射回来的 α 粒子	社交网络、水利部传感器项目、谷歌街景等类脑神经系统现象
研究困难	原子体积过小、运行速度过快、难以直接观察	互联网体积庞大、发展速度过快、结构异常复杂
成熟度	经过玻尔模型、电子云模型的发展，原子的太阳系模型趋于成熟	2008—2018 年已经产生 5 个版本的模型，但互联网大脑模型仍然需要不断完善

	原子太阳系模型	互联网大脑模型
产生价值	奠定原子物理学基础，对包括核能、激光、半导体、新元素、新材料等20世纪的重要发现与发明起到重要作用	预测互联网的发展趋势，形成分析物联网、云计算、工业4.0等关系的框架；对脑科学的镜像启发；形成城市大脑、智慧社会的建设框架；对生物进化方向的探讨
模型特征	类太阳系特征，带正电的原子核像太阳，带负电的电子像绕着太阳转的行星。在这个微型太阳系中，支配它们的作用力是电磁相互作用力	类大脑特征，具备大脑的基本和核心功能，如类神经元网络、反射弧、中枢神经系统、视觉、听觉、躯体感觉、运动、记忆神经系统等

第六章 ‖ 超级智能的运行机制：互联网大脑的结构

导语： 相比互联网诞生之初的网状结构，互联网大脑加入了人、传感器、云机器人、类脑神经元网络、左右大脑、AI 等元素，这种结构构成了一种自然界前所未有的超级智能形式。互联网大脑通过类脑神经元网络（大社交网络）结构将数十亿人类的群体智能和数百亿设备的机器智能统一起来，通过云反射弧实现对世界的认知和反馈，它们是互联网大脑最重要的两个元素。

互联网的原有架构：连接计算机的世界之网

互联网的英文名称是 Internet，也被称为因特网，按照全国科学技术名词审定委员会的审定，互联网泛指由多个计算机网络相互连接而成的一个大型网络，《现代汉语词典》2002 年增补本对"互联网"所下的定义是"由若干计算机网络相互连接而成的网络"，互联网在 1969 年诞生于美国，最初名为阿帕网，是一个军用研究系统，后来又成为连接大学及高等院校计算机的学术系统，现在则已发展成为一个覆盖世界

200 多个国家和地区的开放型全球计算机网络系统。按照互联网的科学定义，我们可以把互联网划分为核心部分和边缘部分（如图 6.1 所示）。

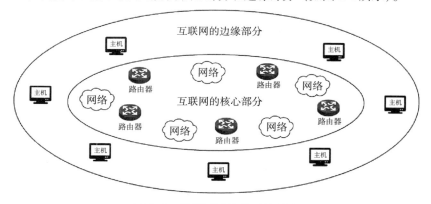

图 6.1　互联网网状模型的划分

互联网边缘部分由所有连接在互联网上的主机和各种终端组成。这部分由用户直接用来进行数据、音频或视频传送以及资源共享。世界著名企业如惠普、联想、戴尔等公司生产的个人电脑和笔记本电脑，IBM、浪潮等公司生产的服务器，苹果、华为、三星、小米等企业生产的智能手机，谷歌、微软、Ocolus 等生产的 AR/VR 设备都属于互联网的边缘部分。

互联网核心部分由大量网络和连接这些网络的路由器组成。它们使用著名的 TCP/IP 协议作为互联网机器的通用语言，为互联网边缘部分提供信息交互服务。网络核心部分是互联网中最复杂的部分，其中涉及的公司主要分为两大类：一类是中国电信、中国移动、法国电信、美国 AT&T 等基础通信设施公司，为互联网提供包括电话线路、光纤、3G/4G/5G 移动通信等服务，使互联网中的任何一台设备都能与其他机器通信；另一类是思科、华为、爱立信等公司，生产的路由器、交换机使互联网信息像邮局的信件一样有序地传递到用户的计算机中。

　　网状模型是过去 50 年互联网在科学和产业领域常用的定义和模型，这个模型为人类拓展互联网的边界和应用范围立下汗马功劳。但在 21 世纪，用互联网的网状模型无法解释诸多新的现象，如云计算的出现、物联网的爆发、大数据的产生以及工业 4.0、边缘计算和人工智能的兴起等。这些新现象的出现也是互联网大脑模型提出的根本原因。

　　互联网大脑模型在整体上继承了网状模型的诸多特征，如 TCP/IP 协议依然是互联网设备间通信的国际协议；光纤、电话线、移动通信依然是连接互联网设备的重要线路；个人电脑、笔记本、智能手机、AR/VR 设备依然是人类与互联网进行交互的重要入口。互联网大脑模型如图 6.2 所示。

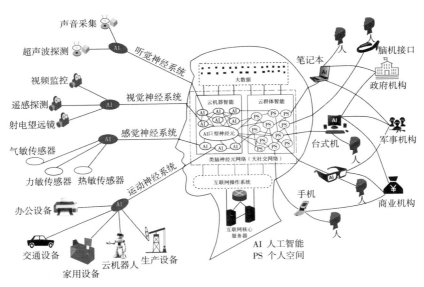

图 6.2　互联网大脑模型

　　经过 50 年的发展，互联网所形成的类脑模型出现了更多新的功能和结构，例如类脑神经元网络、互联网中枢神经系统、互联网感觉神经系统、互联网运动神经系统、云反射弧、云机器智能、云群体智能等。

我们在引言中给予互联网大脑模型如下定义：互联网大脑是在互联网向与人类大脑高度相似的方向进化的过程中形成的类脑巨系统架构。互联网大脑具备不断成熟的类脑视觉、听觉、感觉、运动、记忆、中枢和自主神经系统。互联网大脑通过类脑神经元网络（大社交网络）将社会各要素（包括但不限于人、AI 系统、生产资料、生产工具）和自然各要素（包括但不限于河流、山脉、动物、植物、太空）连接起来，从而实现人与人、人与物、物与物的交互，互联网大脑在云群体智能和云机器智能的驱动下通过云反射弧实现对世界的认知、判断、决策、反馈和改造。

我们将在下面的内容中，对互联网大脑模型中的新变化和新特征进行详细的阐述，并说明以互联网大脑模型为基础的超级智能是如何运转的。

人成为互联网定义中新的重要元素

20 世纪，我国著名科学家、"中国航天之父"、"中国自动化控制之父"钱学森对自然和社会领域系统进行分类，将系统分为简单系统、简单巨系统、复杂巨系统和特殊复杂巨系统，提出生物体系统、人体系统、人脑系统、地理系统、社会系统和星系系统等都是复杂巨系统的代表，这些系统是开放的，与外部环境不断进行物质、能量和信息的交换，所以又称作开放的复杂巨系统。

在处理开放的复杂巨系统的方法上，钱学森提出把科学理论、经验知识和专家判断统一起来，把各类信息和数据与计算机软硬件系统结合起来，构成人机结合、以人为主的系统，对事物反复进行定性与定量的分析和综合，最终从整体上研究和解决问题，实现 1 加 1 大于 2 的效果。①

互联网的定义中，简洁明了地指出互联网就是计算机的联网系统。但从互联网的诞生和发展看，互联网也是一种复杂巨系统，连接数量众多的计算机，不间断地为数十亿人类提供服务。

互联网的产生并不仅仅为了将计算机连接在一起，而有着更为深刻的背景与意义。从人类科技的发展史看，从结绳、算盘、数筹到计算机、电流通信技术，再到个人电脑、笔记本电脑、移动电话和 AR/VR，人类大脑的延伸和连接在过去数万年中一直没有停止。

从趋势上看，这些技术无一不提高人脑与互联网的连接效率，增加连接的时间。人脑中的信息和知识通过这些设备不断与互联网中的信息和知识进行交互。20 世纪 70 年代，在互联网诞生之初，连接到互联网上的主要是科研和军事机构的大型服务器，使用者必须经过严格的筛选，这时互联网的使用范围很窄，使用地点也只能是少数大学和军事基地。

1980 年之后，微软公司和英特尔公司联手打造的 Wintel 架构诞生，成为个人电脑爆炸式发展的主要动力。个人电脑的普及使用户能够在家庭和办公室联通互联网与世界进行交流。但由于这时的个人电脑主要由台式机组成，体积笨重，而且只能固定安装在办公桌上，其在使用场景上依然受到巨大限制。

智能手机和移动互联网的出现解决了台式机使用局限的问题，2008 年 7 月 11 日，苹果公司推出苹果 3G 手机。智能手机就此兴起，随着 3G、4G、5G 等移动通信技术不断成熟，人类终于可以在地球的任何地方任何时间登录互联网了。

---

① 于景元 . 钱学森关于开放的复杂巨系统的研究［J］. 系统工程理论与实践，1992.

钱学森的开放复杂巨系统理论和互联网的发展历史不断提醒我们，互联网不仅仅是为了将计算机、路由器、交换机等机器联网，更是为了加强人类大脑之间的信息沟通。人这个要素应该被加入互联网的定义中，人在互联网大脑中的位置如图 6.3 所示。互联网的简洁版新定义如下：由计算机、网络线路、互联网使用者以及在他们之间储存和流动的数据组成。

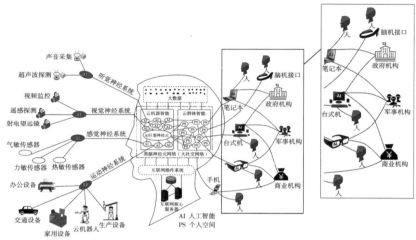

图 6.3　人在互联网大脑中的位置

在互联网大脑模型图中可以看到，人和人类的组织政府机构、军事机构、商业机构等分布在互联网大脑的右侧部位，它们是构成云群体智能的基础。

传感器的加入使互联网产生感觉神经系统

在著名的伦理问题"扳道工"难题中，因为不能提前获知危险，扳道工不得不在火车即将到来时，面临选择让 5 个人生存还是 1 个人生存的难题。但传感器的互联网化可以解决这个问题，提前避免事故的发生。在所有的铁路事故中，列车相撞占很大一部分，且后果常常很严重。利用传感器对交叉道口过往列车进行监测，成为提高铁路安全性措施中非常重要的一个环节。

在实际应用中，可以分别将压力、磁性等传感器对称地安装在交叉口铁轨的两端。当有列车经过时，就能够检测到两端车轮经过时引起的变化。道口监测微处理系统通过对各传感器信号进行分析，可以判断车辆行驶的方向及穿过时的状态。最后以线缆或者无线通信的方式，将信息发送到交管控制中心，对列车进行调运①，从而避免扳道工面临的生死抉择问题。

随着互联网的发展，互联网连接的对象已经不局限于计算机、服务器、路由器和智能手机，逐渐开始把很多自然世界和人类社会的创造物如大楼、路灯、石油管道、工厂机床、办公打印机、家用电器、大树、山脉、河流等连接到互联网上。由于这些物体无法像计算机一样把自己的信息与互联网进行交互，传感器和传感器网络的作用就凸显出来了。传感器在互联网大脑中的位置如图 6.4 所示。

传感器的存在和发展，让物体有了触觉、味觉和嗅觉等"感官"，让物体慢慢"活"了起来。传感器根据其基本感知功能通常分为热敏元件、光敏元件、气敏元件、力敏元件、磁敏元件、湿敏元件、声敏元件、放射线敏感元件、色敏元件和味敏元件等十大类。传感器与通信线路结合形成联网的传感信息交互，传感器网络就诞生了。

21 世纪以来，传感器网络与互联网不断融合，它们共用传输线路，将来自现实世界的各种传感信息传送到互联网大脑内部，形成互联网大脑的感觉神经系统，从互联网大脑模型图中可以看出，遥感探测、射电望远镜、视频监控器、录音设备、热敏、气敏、力敏等传感

---

① 鞠文慧. 一文深度了解接近传感器的应用场景［J］. 传感器技术，2018.

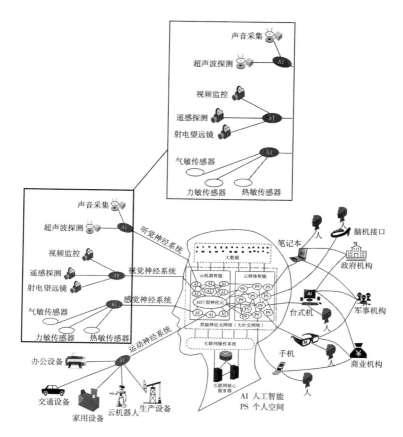

图6.4　传感器在互联网大脑中的位置

器作为互联网大脑的视觉、听觉和躯体感觉神经系统分布在互联网大脑的左侧部位。

云机器人和智能设备构成互联网的运动神经系统

　　如果机器人之间可以共享知识、相互学习、共同进步，那么未来将会怎样？这已不是科幻小说中的场景。2014 年，欧盟资助四年的机器人地球项目由荷兰埃因霍恩理工大学的科学家发布，四个机器人在模拟医院的环境中通过相互协作来照顾病人，它们通过与云端服务器的交互进行信息共享和互相学习。

例如，一个机器人可以对医院房间进行扫描并将完成的地图上传至机器人地球，而另一个对这个房间完全不了解的机器人就可以通过访问云端的这张地图来找到房间中的一杯水，而不需要再进行额外的搜索。按照相同的原理，类似于打开药盒的任务解决方式也可以通过机器人地球进行分享，其他机器人不需要重新编程就能打开特定的盒子，即使这些机器人基于不同的模型。①

机器人与互联网结合，云机器人就产生了，云机器人和智能设备在互联网大脑中的位置如图 6.5 所示。这样，互联网时代的机器人在形态上发生了巨大变化，从而更智能、更高效地服务人类。云机器人就像其他网络终端一样，机器人本身不需要存储所有资料信息，在需要更多信息支持的时候可以通过连接相关服务器获得。以云机器人为代表的智能设备，与个人电脑、智能手机和传感器从现实世界获取信息不同，其能够深刻影响和改造物理世界。

某种意义上，我们可以把智能汽车、无人机、3D 打印和智能制造看作广义的云机器人。互联网为机器人提供更强的视觉、听觉、感觉等感知能力，提供更丰富的数据和更强的计算能力，提供更强的人、物和其他机器人相互进行信息交流的能力。它们主要出现在互联网大脑的左下角，是互联网大脑运动神经系统的组成部分。

大数据是互联网大脑记忆和智力发育的重要基础

IBM 研究称：在整个人类文明所获得的全部数据中，有 90% 是在

---

① Waibel, Beetz. RoboEarth［J］. IEEE Robotics and Automation Magazine, 2011.

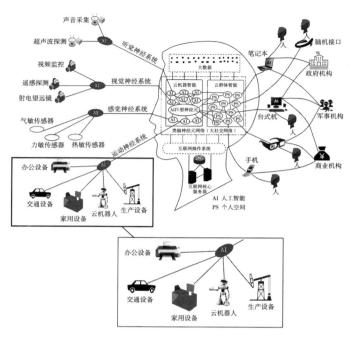

图 6.5　云机器人和智能设备在互联网大脑中的位置

过去两年内产生的。到 2020 年，全世界所产生的数据规模将是今天的 44 倍。每一天，全世界会上传超过 5 亿张图片，每分钟就有 20 小时时长的视频被分享。[①]

　　从 1969 年互联网诞生起，在互联网的服务器、传输线路、计算机终端存储和传输的数据就在不断增加。21 世纪以后，随着社交网络、传感器、机器人以及各种智能设备的加入，互联网中的数据呈爆炸性增长。大数据在互联网大脑中的位置如图 6.6 所示。

　　互联网用户通过社交网络产生互动信息，企业和政府的信息发布，物联网传感器感应的实时信息，机器人、智能汽车、无人机在运动中生成数据等，这些领域每时每刻都在产生大量的结构化和非结构

① 　IBM. IBM 大数据趋势报告（2016—2017 年），2017.

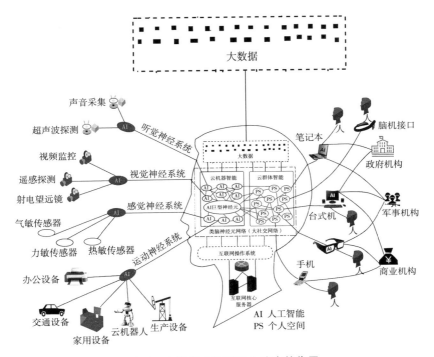

声音采集

超声波探测

视频监控

遥感探测

射电望远镜

气敏传感器

力敏传感器 热敏传感器

办公设备

交通设备

家用设备 云机器人 生产设备

听觉神经系统

视觉神经系统

感觉神经系统

运动神经系统

大数据

大数据

云机器智能　云群体智能

AI巨型神经元

类脑神经元网络（大社交网络）

互联网操作系统

互联网核心
服务器

AI 人工智能
PS 个人空间

笔记本

脑机接口

政府机构

军事机构

台式机

手机

商业机构

人

图 6.6　大数据在互联网大脑中的位置

化数据。它们分散在整个网络体系内，体量极其巨大，其中蕴含了对经济、科技、教育等领域非常宝贵的信息。

　　互联网的大数据是互联网诞生之后不断积累的最大财富，也是人类共同记忆最重要的保存形式，在体量上随着互联网的发展持续膨胀。作为互联网智能的基础，互联网大数据不断为群体智能和机器智能提供数据养分。互联网大数据是如此重要的元素，在互联网大脑模型中，为互联网大数据专门开辟位置进行标识也就成为必然。

人工智能广泛分布在互联网大脑中并驱动运转

　　伴随互联网大脑各神经系统的不断成熟，积累的大数据不断膨胀，沉寂了近 20 年的人工智能迎来了新的春天。人工智能的语言识别、图像识别、自然语言处理和专家系统，特别是机器学习中的深度学习、强化学习、对抗神经算法（GANs）等技术不断与互联网各神经系统结合，激活互联网作为一个整体的大脑架构进行运转。人工智能在互联网大脑中的位置用星星标记，如图 6.7 所示。

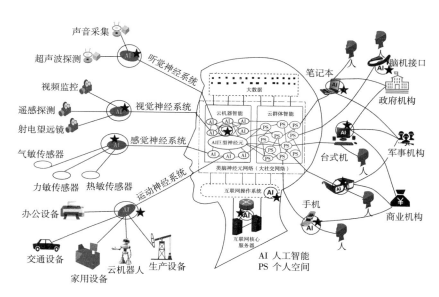

图 6.7　人工智能在互联网大脑中的位置

2018 年以来，世界互联网巨头将人工智能更深入地结合到自己的产品中。以微软和谷歌为例，2018 年 10 月，微软新操作系统 Windows 10 物联网发布，在机器学习、工业安全、边缘智能等方面进行了强化，希望能同时驱动人类的计算机平台和物联网的传感器平台，成为人工智能时代通用的操作系统。同样在 2018 年 5 月，谷歌在 I/O 谷歌开发者大会上发布了结合了人工智能的安卓 P 系统和能够自动订餐的语音助手，也持续向驱动互联网大脑运转的万能操作系统演进。

人工智能技术与互联网的结合，是驱动互联网大脑高速运转的推动力和催化剂。从世界范围内互联网企业的发展来看，除了微软、谷歌，2018 年，腾讯、华为、亚马逊、阿里巴巴、IBM 等科技巨头也在人工智能领域进行了更大规模的投入。这导致 AI 将被应用到互联网大脑的各个组成部分中。

因此，在互联网大脑模型图中，AI 被标注在很广的范围内，分布在互联网大脑中的感觉神经系统、运动神经系统、社交网络、神经纤维、大数据、手机、VR/AR 设备等各个部位。

云群体智能：连接数十亿人的互联网右大脑

群体智能的开创者之一霍华德·布洛姆（Howard Bloom）描绘了群体智能的演化，并且说明自生命起源开始，多物种的智能已经开始工作。当人类进化到 21 世纪，群体智能通过互联网进入新的阶段，由于这时人类的群体智能主要发生在互联网的云端虚拟空间，我们将其称为云群体智能。

互联网暂时不可能通过物理手段直接将线路和信号接驳到人的大脑中，因此客观上需要将人类的虚拟信息角色映射到虚拟空间，一方面互联网连接了这些虚拟角色并协调进行交互，另一方面互联网设备（包括人）和这些虚拟角色定期进行信息同步，这两个过程实现了世界范围内人类和设备之间的信息交流。云群体智能在互联网大脑中的位置如图 6.8 所示。

社交网络的出现作为技术基础满足了这一需求。用户账户和用户空间承担了虚拟个人空间或类脑神经元的角色。从互联网的 OSI 分层结构来看，社交网络属于顶层的应用，这个特征使社交网络可以突破硬件设备的边界，在操作系统之上形成没有障碍、具有弹性、可以任

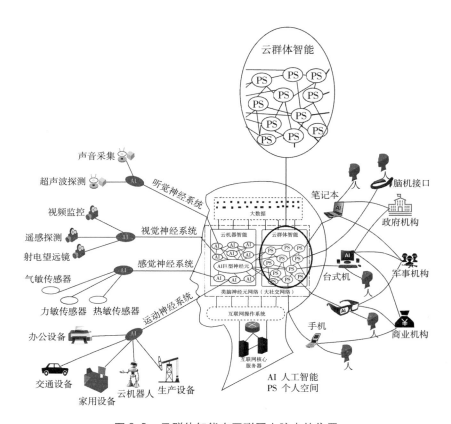

图6.8 云群体智能在互联网大脑中的位置

意扩张的虚拟社区空间。

到 2018 年，社交网络已成为互联网最重要的应用，在这一年，美国的脸书用户已经超过 20 亿人，中国的腾讯用户（包括微信和QQ）已经超过 10 亿人。数十亿人类在社交网络上通过个人空间分享信息、知识和经验，对社会、科学、技术、自然领域发生的事件和面临的问题进行讨论。

云群体智能的形成极大地发挥了人类智能的共振效应，这是过去几十亿年里，生命进化史上没有出现过的巨大的智能飞跃，也将极大地促进人类社会在科技、文化、技术领域的创新与发展。在互联网大脑中，云群体智能在中心区的右侧，可以看作互联网大脑的右大脑。

云机器智能：数百亿联网设备构建的互联网左大脑

人类智能是人类面对不断变化的世界，为适应自然选择所表现出的一种适应世界、发现世界、改造世界的能力。而机器智能是人类将预先编制的人工智能程序输入机器中，然后机器脱离人类操作独立释放出的智力能力。

21世纪以来，互联网连接的设备除了计算机，也开始包含移动手机、传感器、云机器人、智能汽车、无人机、智能机床、人工智能应用等设备，这些设备除了受本地原有操作系统的控制，越来越多地开始接受云端系统的控制，并通过云端进行信息的交互和系统的升级。

与人类在社交网络中形成的个人空间一样，互联网智能设备在云端服务器中也映射形成一个个云端 AI 控制程序，这些云端的设备控制程序之间也会形成类似社交网络的机器社交网络。我们将这种受云端控制，在云端进行信息交互的机器智能称为云机器智能。云机器智能在互联网大脑中的位置如图 6.9 所示。应该指出的是，目前机器社交网络在互联网大脑中的发育尚不成熟，待进一步发育。

在互联网云机器智能中，有一种比较重要的智能系统，负责对所有的智能系统提供支持、进行监控，这就是 AI 巨型神经元。2018年，阿里 ET 大脑、华为 EI 智能体、腾讯超级大脑、360 安全大脑、讯飞超脑等不断崛起，这些互联网大脑系统中都包含了 AI 巨型神经元的元素和特征。

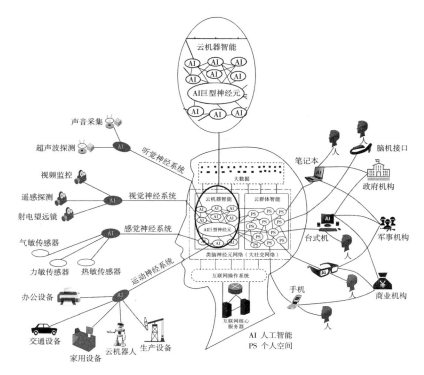

图6.9　云机器智能在互联网大脑中的位置

以阿里ET大脑为例，2018年6月7日，阿里云在云栖大会·上海峰会上宣布ET大脑将向医疗、城管、环境、旅游、城规、平安、民生等七大领域拓展，从智能交通管理全面升级为整个城市的人工智能中枢。阿里巴巴希望将城市的交通、能源、供水、建筑等基础设施在云端全部数字化，每一个螺丝钉都能在虚拟数据空间中找到映射，每一个门把手都会被赋予一个IP地址，每一辆智能汽车、每一架无人机、每一个机器人都可以被ET大脑综合控制和调度。

AI巨型神经元在互联网大脑中出现后，众多云端AI控制程序与AI巨型神经元进行信息分享和智能联动，构成了群体智能之外的另一种重要的智能形式——云机器智能。它是自然界其他生物种群不具备的一种智能形式。从互联网大脑模型来看，云机器智能处在中心区的左侧，可以看作互联网大脑的左大脑。

类脑神经元网络：构建人与人、人与物、物与物的大社交

2012 年 10 月，三星提交了一项自动化日志专利的申请文件。这项专利将会根据用户的一些数据自动生成诸如"今天发生了什么"格式的日志。

日志信息的收集来源将会非常丰富，如用户智能手机中的 GPS 软件、最新的天气预报、备忘录里的行程安排、照片甚至音乐播放列表。然后，系统对收集到的信息进行分析，自动生成至少包含一个完整句子的日志。[①]

这是一个重要的成果，它隐含的意义在于，如果这个自动生成的日志不是针对人，而是针对一栋大楼、一辆汽车或一个景区，并以大楼、汽车、景区的名义发布到 QQ、微信、推特或者脸书上，那么我们的社交对象将不再仅仅是人，也包含了物。

随着各种互联网智能设备的不断加入，它们除了在云机器智能中进行互动外，也会产生信息并形成报告发送给互联网中的人类用户。当每一栋大楼、每一辆汽车、每一个景区、每一个商场、每一个电器都会在社交网站上开设账号自动发布自己的实时信息，并与其他人和物进行交互时，社交网络将不再仅是人与人的社交网络，而是人与人、人与物、物与物的范围更大的社交网络，我们可以将其称为大社交网络。

大社交网络架构是互联网类脑神经元网络的技术基础，与目前主

---

① 三星. 三星申请"Life Diary"专利　可自动生成当天日志 [EB/OL]. cnBeta, 2012.

流的微信、QQ、脸书不同的是，互联网类脑神经元网络的架构设计需要考虑如何统一服务云群体智能和 AI、机器人、汽车、大楼、路灯等云机器智能角色，实现它们之间的信息分享、信息交换和信息互动。大社交网络在互联网大脑中的位置如图 6.10 所示。

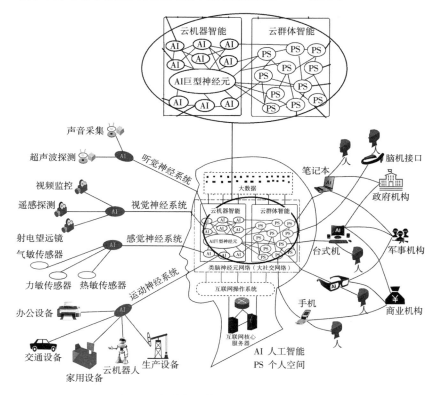

图 6.10　大社交网络在互联网大脑中的位置

随着微信、QQ、脸书在物联网领域的拓展，这些主流社交网络也正在向以大社交网络为代表的类脑神经元网络发展。例如，2013年脸书通过 Parse 进军物联网领域，目标是促进物联网设备应用（如智能门锁、智能灯泡等）的数据分享和开发，从而将物联网数据引入社交网络中，使用户可以在脸书的动态消息或信息服务中了解家里的物联网智能设备的运行情况。从更高层面来看，Parse 进军物联网标志着脸书从社交网络扩展到大社交网络。

从上面的讨论中我们可以看到，互联网类脑神经元网络中有两种重要的智能形式，分别是云机器智能和云群体智能，这两种智能在互联网大脑中既独立存在，又相互融合，如同人类的左右大脑一样，既可以独立工作，又可以相互合作共同完成复杂的智力活动。这样，就产生了一种基于互联网的新型混合智能形式。

澳门大学陈俊龙教授认为："虽然人工智能在搜索、计算、存储和优化领域比人类更高效，但目前它的高级认知功能如感知、推理等还远远比不上人脑。"

混合智能是指将人的作用或人的认知模型引入人工智能系统，从而形成的混合智能形态。这种形态是人工智能可行的、重要的成长模式。因为人是智能机器的服务对象，是价值判断的仲裁者，人类对机器的干预应该贯穿于人工智能发展的始终。即使我们为人工智能系统提供充足的甚至无限的数据资源，智能系统也必须由人类进行干预。

目前，混合智能的形态有两种基本实现形式。

第一种是基于认知计算的混合增强智能，是指在人工智能系统中引入受生物启发的智能计算模型，构建基于认知计算的混合增强智能。这类混合智能是通过模仿生物大脑功能提升计算机的感知、推理和决策能力的智能软件或硬件，以更准确地建立像人脑一样感知、推理和响应激励的智能计算模型。[1]

第二种是人在回路的混合增强智能，是指将人的作用引入智能系统中，形成人在回路的混合智能范式。在这种范式中，人始终是

---

[1] 郑南宁，刘子熠，任鹏举，等. AI 2.0 时代的群体智能［J］.信息与电子工程前沿（英文），2018.

这类智能系统的一部分，人类会主动介入智能处理过程，并给予人工智能一定的指导，构成提升智能水平的反馈回路。把人的作用引入智能系统的计算回路中，可以把人对模糊、不确定问题的分析与响应的高级认知机制与机器智能系统紧密耦合，使得两者相互适应，协同工作，形成双向的信息交流与控制，使人的感知、认知能力和计算机强大的运算、存储能力相结合，构成 1 加 1 大于 2 的混合增强智能形态。

应该说互联网大脑中的混合智能形式属于人在回路的混合增强智能，我们以自动驾驶为例来理解互联网大脑的混合智能机制，自动驾驶是综合程度极高的人工智能系统，也是近年来的研究热点。随着智能交通系统的形成以及 5G 通信技术和车联网技术的应用，人机共驾日趋成熟，但要实现完全的自动驾驶依然面临艰难的挑战：如何实现机器的感知、判断与人类认知、决策的交互？人机在何种状态下进行驾驶任务的切换？可以说，通过智能人机协同技术协调两个"驾驶员"以实现车辆的安全和舒适行驶，是必须解决的基本问题。要解决这些问题，需要将混合增强智能作为互联网大脑混合智能的发展方向。

互联网大脑的五种神经元模式

脑或神经系统是一个非常复杂的结构，神经元就是这个神经系统中最基本也最重要的组成单位，神经元是具有长突起的细胞，神经元的主体位于脑、脊髓和神经节中，细胞突起可延伸至全身各器官和组织中。据统计，在成人的脑中至少包含了近 1 000 亿个神经元。这些神经元至少可以分为假单极神经元、双极神经元、多极神经元，或者也可以分为感觉（输入）神经元、运动（输出）神经元、联络（中间）神经元等。

同样，在互联网大脑发育成熟的过程中，以社交网络为技术基础的互联网类脑神经元网络逐步成为互联网大脑的核心，为人类用户和智能机器提供信息服务的"个人"空间，也就成为最基础、最重要的结构——互联网类脑神经元。如果把 2018 年连接到互联网上的全体人类和全部智能设备计算在内，那么目前互联网大脑的神经元数目至少已经超过 140 亿个。

如果从互联网类脑神经元的控制者角度划分，那么共有五种不同类型的互联网神经元，它们分别是由人类控制的 PS 型类脑神经元，由智能设备控制的 AI 型类脑神经元，以人类为主、AI 为辅的 AI-PS 型类脑神经元，以 AI 为主、人类为辅的 PS-AI 型类脑神经元，以及在互联网大脑中独立运行的 Agent AI 型类脑神经元，如图 6.11 所示。下面，我们就分别详细介绍它们的情况。

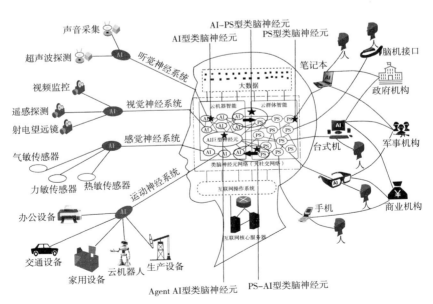

图 6.11　互联网大脑五种神经元的分布

由人类控制的 PS 型类脑神经元

互联网大脑中的云群体智能由提供信息分享、信息交互服务的个人空间程序构成，由人类用户掌管，为人类用户提供信息服务。我们可以将这种类型的神经元称为 PS 型类脑神经元，其结构如图 6.12 所示。

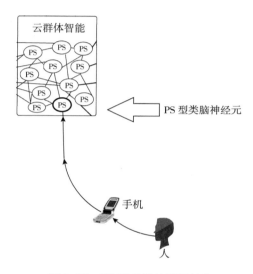

图 6.12　PS 型类脑神经元结构

PS 型类脑神经元与大众的关系比较密切，例如腾讯公司的微信为用户提供的个人空间服务包括：与好友进行点对点交流，与有共同兴趣的大众进行"广场讨论"，公开发布有关个人思考、经历的文章和照片（公众号、朋友圈）。

由智能设备控制的 AI 型类脑神经元

互联网大脑中的云机器智能主要由控制驱动互联网视觉、听觉、躯体感觉和运动神经系统的云端智能程序构成，这些程序也拥有独立的"个人"空间，为联网的智能设备提供信息服务，受智能设备控制，我们将这种类型的神经元称为 AI 型类脑神经元，其结构如图6.13 所示。

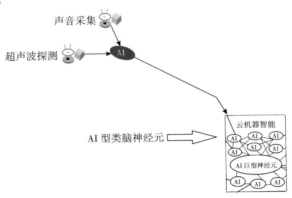

图 6.13 AI 型类脑神经元结构

亚马逊 Echo 的运行是 AI 型类脑神经元的典型案例。作为全球销量最大的智能音箱，Echo 和其他智能音箱最大的区别是，将所有的控制器放在云端。即使用户家庭中的 WiFi 台灯和 Echo 在同一个局域网，这个台灯也需要 Echo 传递指令给云端 AI 控制程序，然后从云端下达指令。① 将智能音箱的控制器放到云端的好处是，智能音箱本身不需要升级任何程序，就可以支持所有的智能硬件。

以人类为主、AI 为辅的 AI-PS 型类脑神经元

在实际应用中，上述两种类型的神经元也会交叉提供服务，从而形成混合的神经元模式。例如在微信中，如果朋友给你发送了一条邀请吃饭的信息，在授权的前提下，微信中的 AI 程序会自动对朋友进行回复，回答"您好，目前主人不在，请拨打他的电话"或者"好

---

① https：//blog. csdn. net/datamining2005/article/details/80852181.

的，我是主人的助手小 AI，我查了他的日程安排，他在这个时间正好有一个会议要参加，我也把您的邀请通过短信告知主人"，这种神经元可以在人类用户离开的情况下，由 AI 程序对 PS 型类脑神经元的全部和部分功能进行接管，这种混合神经元可以称为AI-PS 型类脑神经元，其结构如图 6.14 所示。

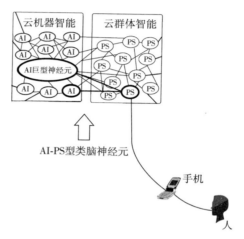

图 6.14　AI-PS 型类脑神经元结构

以 AI 为主、人类为辅的 PS-AI 型类脑神经元

另一种混合神经元模式是指 PS 型神经元可以接管 AI 型类脑神经元工作的一种方式，也就是人类用户通过互联网接管原来 AI 程序控制的智能设备，这种情况往往发生在面临特殊威胁的情况下，为了保证智能设备处理问题的安全性、稳健性，需要人类接管联网的智能设备，如在发生火灾时，消防员通过互联网远程控制火场附近的灭火机器人；在发生车祸时，交管人员接管自动驾驶汽车帮助其离开现场。这类混合神经元可以称为 PS-AI 型类脑神经元，其结构如图 6.15所示。

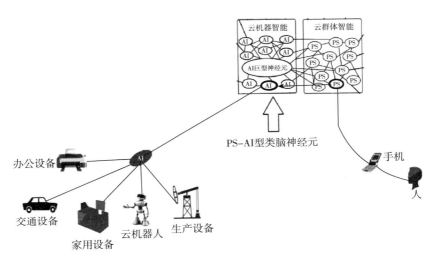

图 6.15　PS-AI 型类脑神经元结构

从人工智能的安全使用上看，保证任何一个 AI 型类脑神经元可以被人类接管控制，是维护人类在互联网大脑中的绝对主导位置的关键，并不是担心 AI 系统出现自我意识，而是要防范互联网 AI 系统因为错误、黑客、故障等因素出现对人类社会有危害的负面效应。

在现实场景中，自无人驾驶汽车诞生以来，其被黑客攻击的报道频频出现。在近来大型汽车制造商资助的演示中，也显示安全专家能够对普通汽车上的车载电脑发动攻击，控制汽车的制动、转向、发动机以及其他功能。在一项特别值得警惕的演示中，一名黑客甚至能够强迫汽车在高速行驶的状态下紧急刹车。由此可见，如何实现人类对 AI 型类脑神经元的分级管理，也是一个需要深入研究的课题。

在互联网大脑中枢神经系统中运行的 Agent AI 型类脑神经元

在互联网大脑中，还有一种特殊的神经元种类——Agent AI 型类脑神经元，它作为独立的智能体处理互联网大脑中的各类信息或需求，也可以独立地与其他 AI 型类脑神经元和 PS 型类脑神经元进行互动并将处理结果直接反馈给人类或机器，其结构如图 6.16 所示。

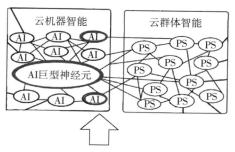

Agent AI型类脑神经元

图 6.16 Agent AI 型类脑神经元结构

例如，长江和黄河流域的温度、湿度、风速传感器将大量传感数据传输到水利部门的云端服务器中，形成防汛抗旱大数据，云端服务器中的智能程序对这些大数据进行分析、汇总、提炼，形成灾情预警数据报告上报有关部门，这种智能程序就是 Agent AI 型类脑神经元的应用范例。

我们在云机器智能中提到的 AI 巨型神经元也是一种标准的 A-gent AI 型类脑神经元，它负责对整个互联网大脑的安全运行进行管理和监控，因此对 AI 巨型神经元的研究和监控也有着特别重要的意义。

综上所述，互联网大脑的五种类脑神经元的特征可以用表 6.1 进行描述。

表 6.1 互联网大脑的五种类脑神经元的特征

序号	名称	特征
1	PS 型类脑神经元	为互联网用户提供信息分享、信息交互和信息处理服务
2	AI 型类脑神经元	为互联网大脑的视觉、听觉、躯体感觉和运动神经系统连接的智能设备提供云端 AI 控制服务
3	AI-PS 型类脑神经元	AI 可以在人类离开时，代表使用者对 PS 型类脑神经元进行控制

序号	名称	特征
4	PS-AI 型类脑神经元	人类可以在需要时按照权限对 AI 型类脑神经元的工作控制权进行接管
5	Agent AI 型类脑神经元	作为独立的智能体处理互联网大脑中的各类信息或需求

云反射弧：互联网大脑对世界做出反应的智能机制

一位医生坐在病人的面前，低头用锤子测试病人的膝跳反射，结果可想而知，医生的鼻子受伤了。膝跳反射就是一个标准的神经反射现象，即接受刺激，做出反应。

生物的神经反射是指生物通过中枢神经系统对外部刺激做出的一种应答式反应，反射在具有中枢神经系统的动物中普遍存在。生命体通过反射来控制和调节体内的各种生理过程，使它们相互协调，也使机体对环境的各种变化做出适应性反应，保证机体与外部环境的统一。①

神经反射弧是反射活动的结构基础，是机体从接受刺激到做出反应的过程中，兴奋信号在神经系统内循行的整个路径。一个完整的反射弧由感受器、传入神经、神经中枢、传出神经、效应器五个基本部分组成（如图 6.17 所示）。

随着人类用户、传感器、云机器人、智能设备、类脑神经元网络的加入，互联网大脑的各神经系统逐渐完善起来。这样在人类神经系统中一个非常重要的智能现象——反射功能也将出现在互联网大脑

---

① 李兵，杜茂信，何林生，等．人工体神经 - 内脏神经反射弧传出神经元递质研究 [J]．中华实验外科杂志，2004．

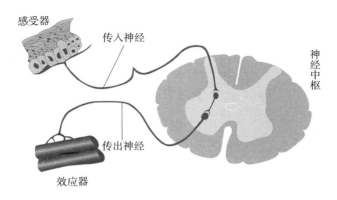

图 6.17　生物大脑的神经反射弧

中，我们将互联网大脑的这个反射过程称为云反射弧（如图 6.18 所示）。它是互联网大脑成为一个超级智能体，从而可以对世界外部和互联网内部的信息刺激产生反应的关键。

与人类的神经反射弧结构相同，互联网大脑的云反射弧也包含五个部分。其中，云反射弧的感受器由视觉传感器、听觉传感器、触觉传感器等电子传感器以及人类互联网用户的感知构成；互联网云反射弧的传入神经纤维和传出神经纤维由光纤、卫星通信、移动通信、电话线等设备和技术构成；云反射弧的中枢神经由互联网服务器集群和运转在其上的操作系统以及 AI 巨系统或人类管理员构成；云反射弧的效应器由云机器人、无人机、智能汽车、智能机床、3D 打印等智能设备以及人的操作参与构成，如图 6.18 所示。

现实中已经出现很多云反射弧案例，从世界各地发起的互联网神经反射现象几乎每时每刻都在不断产生和消失。例如，办公大楼火警传感器发现火苗，通知消防队，消防队出动进行灭火；汽车传感器发现有盗贼，发短信给车主，车主赶到将盗贼抓住；湿度传感器发现空气湿度加大，有下雨迹象，通知野外挖掘设备打开防雨设备等。

云反射弧的发展是互联网类脑化发展的必然产物，它的产生会对

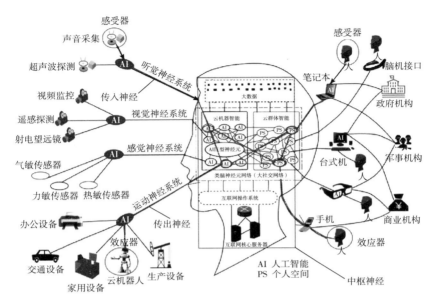

图 6.18 互联网大脑的云反射弧

基于互联网的人工智能技术、互联网新商业模式、智慧城市建设等领域产生深刻而广泛的影响。

云反射弧的建设反映出互联网大脑架构为人类社会在提供智能服务、处理各种问题过程中云反射弧的种类和反应速度，云反射弧的种类越多，反应速度越快，其智能程度越高。云反射弧包括但不限于安防云反射弧、金融云反射弧、交通云反射弧、能源云反射弧、教育云反射弧、医疗云反射弧、旅游云反射弧和零售云反射弧。具体使用哪种反射弧来提供服务，需要根据具体的行业和应用场景来规划确定。

在形成云反射弧的过程中，无论是在互联网内部实现信息的传递，还是在现实世界通过火车、货运汽车、搬运机器人到达目的地，都存在如何发现和选择最优路径的问题。

这个问题的解决涉及图论、互联网节点布局、通信线路、传感器等方面，在互联网大脑中枢神经系统的调度下，选择最优的路径，从而保障云反射弧快速、有效和稳定。

从信息传递和智能系统移动完成任务的角度来看，互联网大脑的云反射弧路径选择可以分为互联网大脑内部信息传递路径和现实世界完成任务路径两种。

互联网大脑内部信息传递路径的选择问题是指，信息在实现反射的过程中如何从不同地理位置的智能终端和服务器、不同种类的传输线路（光纤、电话线、移动通信、卫星通信等）选择效率最高的路径，并进行信息传输（如图6.19所示）。

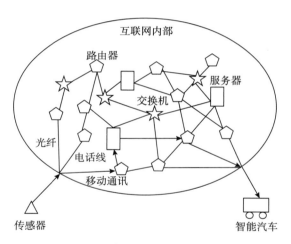

图6.19　互联网大脑内部信息传递路径

云反射弧在现实世界完成任务的路径是指为了完成反射，互联网连接的运动神经系统设备（云机器人、智能汽车、无人机等）如何高效地从现实世界的起始地到达目的地（如图6.20所示）。

下面我们用一个案例来描述互联网云反射弧在互联网内部和现实世界如何寻找最优路径完成反射。

假设2019年3月10日，中国武汉的一位小学生小明的妈妈，希望在小明生日那天送小明一个波音747模型的乐高礼物（以下为虚构

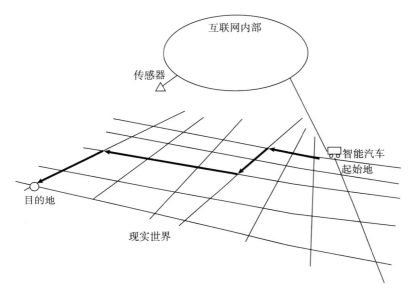

图 6.20　互联网大脑的外部云反射弧路径

场景）：

3 月 10 日，小明妈妈对家里的亚马逊 Echo 音箱说："我想订购一个波音 747 模型的乐高玩具。"

亚马逊 Echo 音箱将订购信息发送给亚马逊在中国贵州的亚马逊中国区服务器，服务器通过查询发现，玩具只在美国总部纽约的仓库有存货，亚马逊中国区服务器向美国总部服务器发出查询请求，查询到价格为 5 600 元（虚构）。

亚马逊总部服务器对乐高玩具从纽约送达武汉的路径进行规划，开始下达送货指令。

3 月 11 日，乐高玩具从美国纽约仓库到达机场，然后直飞中国上海。

3 月 13 日，经海关的检查后，乐高玩具从上海通过快递货车开始往武汉运送。

3 月 14 日，乐高玩具到达武汉，快递员在当日将玩具送到小明家中，小明的妈妈付款并进行确认，这时亚马逊 Echo 音箱收到货物到达的信息，对小明的妈妈说："感谢您使用亚马逊的服务，如果需要任何帮助，请告诉我。"

以上描述的小明妈妈通过 Echo 音箱订购玩具是一个典型的云反射弧案例，这其中涉及订购信息从家庭音响到达亚马逊美国总部的互联网内部信息传递路径的选择问题，也涉及玩具货物从美国纽约到达中国武汉的交通路线选择问题。

基于互联网大脑模型的 Ω 超级智能诞生

在大约 10 亿年前，生命诞生了。4 亿年前，生物从海洋向陆地迁移，植物、昆虫、脊椎动物等开始在陆地上繁衍。生物终于能在地球的所有环境中生存，形成了五彩缤纷的生命世界。

生物呈现自由意志，对自己的未来进行独立选择和判断，其智能在适应大自然的过程中体现出来，此后更进一步，许多生物逐步进化成一个虚拟的整体，利用群体的力量面对大自然的挑战。

关于群体智能的研究要远远早于互联网，群体智能的概念最初来自昆虫学家威廉·莫顿·惠勒（William Morton Wheeler）的观测。独立的个体通过紧密合作开展活动，以至于变得和单一的有机体没有什么区别。

1911 年，惠勒看到这样的协作在蚂蚁身上产生作用，它们表现得像一个动物的细胞，并且具有集体思维。他称这为更大的生物，即聚集的蚁群看起来形成了一个"超有机体"。群体智能的先驱，乔治·布尔（George Pór）1991 年将群体智能定义为：通过分化与集成、竞争与协作的创新机制，人类社区朝更高的秩序复杂性以及和谐方向演化的能力。[①]

蜜蜂是自然界中被研究时间最长的群体。单个蜜蜂的大脑比一粒沙子还要小，其中只有不到 100 万个神经元，这相对于人类大脑中的 850 亿个神经元显得太少了。

单个蜜蜂是一个非常简单的智能体，但是它们有非常复杂的问题需要解决，例如选择筑巢地点。这是一个关乎蜂群生死的问题。为了解决这个问题，蜜蜂通过组建蜂群形成群体智能进行决策。

第一步，它们需要收集周围环境的信息，会派出数百只侦察蜜蜂在大约 25.9 平方千米的范围内进行搜索，寻找它们可以筑巢的潜在地点。然后，这些蜜蜂把信息带回蜂群。

第二步也是最困难的部分：它们要做出决策，在找到的几十个潜在地点中挑选出最好的。在决策时，蜜蜂振动它们的身体。这些振动产生的信号代表它们是否同意选择某个特定的筑巢地点。成百上千只蜜蜂同时振动它们的身体，对每个决定进行投票，探索所有不同的选择，直到在某个解决方案上达成一致，而这几乎总是最优的解决方案。[②]

这是关于群体智能的最著名的例子，同样的故事也发生在蚁群、鸟群以及鱼群中，它们的群体智能大于个体。蜜蜂个体通过群体智能有了如此明显的智力提升，人类作为地球上最具智能的生物，如果有一种技术和机制使人类联合在一起形成群体智能，那将是一种非常巨大的能量。可以说，互联网的诞生和互联网大脑结构的出现，使这个梦想最终得以实现。作为意外的奖赏，人类的重要发明机器智能（人工智能）也加入这个系统里，这是自然界中其他种群不具备的群

① 王玫，朱云龙，何小贤. 群体智能研究综述 [J]. 计算机工程，2005 年.
② 路易斯·罗森伯格. 路易斯·罗森伯格与群体智能 [EB/OL]. 网易智能，2018.

体智能特征。

我们从互联网大脑模型中可以看出，在以大社交网络为技术基础的类脑神经元网络中，超过40亿的人类被连接在一起形成云群体智能，100亿个以上的传感器、智能终端、云机器人连接在一起形成云机器智能。

云群体智能与云机器智能构成的互联网左右大脑架构就成为超级智能的基础。法国著名进化论哲学家和生物学家德日进，从考古发现出发，大胆地提出宇宙、生物、人类、精神逐层进化的观点。他认为世界是进化的，从物质到生命，再到人类和精神，最后将走向"上帝"状态的统一，即 Ω 点（"上帝"之点）。[①]

我们在前文中提到，以互联网大脑为代表的超级智能在未来的时间里将在智能的提升、连接世界的程度、覆盖宇宙的范围三个方向不断进化，并在无穷时间点到达 Ω 点，成为智慧宇宙或宇宙大脑。由此可见，这个超级智能的进化符合德日进的预言，为了纪念德日进的远见和卓越思考，我们也把它称为 Ω 超级智能。

Ω 超级智能是基于互联网大脑架构涌现出的一种新的智能形式，凸显了互联网除具有技术、科学、社会和文化属性外，还具有更为核心的智能属性。

---

① 徐卫翔. 求索于理性与信仰之间——德日进的进化论［J］. 同济大学学报（社会科学版），2008.

第三部分

探索与未来

第七章 ‖ AI 能否超越人类，互联网大脑能否变成天网

导语：人类因为天网等科幻作品对人工智能产生深深的恐惧，其背后本质上依然是 AI 能否超越人类的争论。世界范围内著名的科学家、企业家、投资人进行了激烈的争论。如何评测 AI 与人类的智商，过去 100 年来，前人做了很多探索工作，但也面临着重重困难。从互联网大脑的智商研究开始，我们建立了人类与机器通用的标准智能模型，对 AI 能否超越人类以及互联网大脑能否变成天网的问题进行了探讨。

天网引发的恐慌

在《终结者》系列电影中，天网是人类在 20 世纪后期创造的人工智能防御系统，最初用于军事的发展。在理论上，天网可以控制整个互联网，但是研究者认为它还不太稳定，所以一直没有启用。

天网在研发过程中逐渐产生了独立的意志，它认为人类阻碍了社会的发展，应该被消灭，但是研究者并不知晓这一切。天网的计划是

首先接管整个互联网，但是启动开关需要美国国防部长手动开启，于是天网制造了一种病毒，在美国大范围传播并造成世界性的混乱。

人类认为天网是最后的防御手段，于是启用天网，病毒很快被消灭。同时，天网也趁机控制了整个互联网，进而控制了美国的所有核武器系统，一时间所有核武器升空，开始在全世界无差异地攻击人类，地球从此进入核冬天，90%的人类死亡，幸存的人类把这一天称为审判日，此后一个名叫约翰·康纳的军事领袖召集幸存者一起对抗天网，组建了反抗军组织。

这就是《终结者》系列电影的故事背景，《终结者》被著名电影杂志《电影周刊》评选为20世纪最值得收藏的一部电影。应该说，这部电影对人类看待科技的态度产生了重要的影响，某种意义上，人类当前对人工智能的恐惧与这部电影也不无关系。

在1969—2019年的50年里，互联网的结构正在发生重大的变革。在今天，互联网大脑模型的架构已经清晰地浮现在人类面前。这个前所未有的超级智能，会不会在人类毫无察觉的情况下发展成天网，成为互联网大脑模型众多探索方向中的一个重要课题。

2012年，中国科学院大数据挖掘与知识管理重点实验室主任石勇教授提出："如果互联网正在形成与大脑高度相似的复杂巨系统，那么如何评判这个大脑的智能发展水平，也就是互联网大脑的智商，将是个有意义的研究方向。"

应该说，石勇教授的这个判断为互联网大脑模型开辟了一个新的研究领域。这个研究不但可以为互联网能否发展成为天网的问题寻求答案，也为另一个更为基础的问题AI能否超越人类找到突破方向。

我们知道，在互联网诞生早期，人们只能通过互联网进行简单的邮件（Email）通信，或利用ftp工具上传和下载文件。到2013年，以谷歌为代表的搜索引擎能够高效率地识别自然语言文字，并将搜索结果反馈给用户；苹果公司的 Sari 系统可以以较高的识别率识别用户的语音指令，并执行相应的操作如拨打电话、报告天气等。

这些现象说明，互联网已经开始具备智能，且智能在不断增长。作为一个庞大的系统，互联网包含了成千上万的应用和子系统，如电子公告牌、搜索引擎、社交网络、电子邮箱、即时通信软件（IM）、智能助理、云机器人等，这些互联网应用在不同智能方向具备或高或低的智力水平，它们的发展提高了各自的智能水平，同时也通过相互的连接、融合、联合运行，为不断成熟的互联网大脑提供智力动力。

在对互联网大脑进行智商评估时，要把所有的互联网应用和系统囊括进去，在实践中是很难实现的。由于互联网大脑本身不断发育、成熟和进化，很多应用和系统在这个过程中不断产生和消亡。因此，实现对互联网大脑的智商评估，看起来更像是一个无法完成的任务。

这是一个新的科学难题，但互联网是否具有智商，能否成为天网，从本质上说属于人工智能领域另一个被广泛关注的问题——机器（AI）能否超越人类。如果我们能够解决机器（AI）能否超越人类的问题，那么互联网能否成为天网的问题也就可以得到解答。

"机器（AI）能否超越人类"的争议和面临的难点

1956 年夏季，在美国达特茅斯学院举行的一次重要会议上，以麦卡赛、明斯基、罗切斯特和申农等为首的科学家共同研究和探讨了用机器模拟智能的一系列问题，首次提出了"人工智能"这一术语，它标志着人工智能这门新兴学科的正式诞生。此后，人工智能在发展历史上经历了多次高潮和低潮阶段。

在 1956 年人工智能被提出后，研究者们就大胆地提出乐观的预言，达特茅斯会议的参与者之一赫伯特·西蒙（Herbert Simon）还做出了更具体的预测：10 年内计算机将成为国际象棋冠军，并且机器将证明一个重要的数学定理。西蒙等人过于自信，其预言没有在预测的时间里实现，而且远远没有达到。这些失败给人工智能的声誉造成重大伤害。

1971 年，英国剑桥大学数学家詹姆士（James）按照英国政府的旨意，发表了一份关于人工智能的综合报告，声称"人工智能研究就算不是骗局，也是庸人自扰"。在这个报告的影响下，英国政府削减了人工智能的研究经费，解散了人工智能研究机构。人工智能的研究热情第一次被泼了冷水。①

20 世纪 90 年代，以日本第五代机器人研发失败和神经网络一直没有突破为代表，人工智能进入了第二个冬天，直到 21 世纪初，深度学习与互联网大数据结合才使人工智能又一次迎来新的春天。在阿尔法围棋等大量突破性成果涌现之后，人类对机器（AI）能否超越人类的问题又重新燃起了热情。狂热的情绪背后甚至产生了人工智能威胁论。

谷歌技术总监、《奇点临近》（*The Singularity Is Near*）的作者雷·库兹韦尔（Ray Kurzweil）预言人工智能将超过人类智能。他在书中写道，"由于技术发展呈现指数级增长，机器能模拟大脑的新皮质，到 2029 年，机器将达到人类的智能水平；到 2045 年，人与机器将深度融合，那将标志着奇点时刻的到来。"除此以外，支持人工智能威胁论的代表人物还包括著名物理学家霍金、微软创始人比尔·盖茨、特斯拉 CEO 马斯克等。

2014 年 12 月 2 日，霍金在接受 BBC 采访时表示，运用人工智能技术制造能够独立思考的机器将威胁人类的生存。霍金说："它自己

---

① 李德毅，于剑. 人工智能导论［M］.北京：中国科学技术出版社，2018.

就动起来了，还能以前所未有的超快速度重新设计自己。人类呢，要受到缓慢的生物进化的限制，根本没有竞争力，会被超越的。"

特斯拉CEO马斯克对待人工智能的态度比较极端，2014年8月，他在推特上推荐尼克·波斯特洛姆（Nick Postrom）的著作《超级智能：路线图、危险性与应对策略》（*Super Intelligence*：*Paths*，*Dangers*，*Strategies*）时写道："我们需要重点关注人工智能，它的潜在危险超过核武器。"

2017年10月，日本著名风险投资人孙正义在世界移动大会2017上表示，他认为机器人将变得比人类更聪明，在大约30年的时间里，AI的智商将有望超过1万点。相比之下，人类的平均智商是100点，天才可能达到200点。孙正义说："奇点是人类大脑将被超越的时刻，这是个临界点和交叉点。人工智能和计算机智能将超越人类大脑，这在21世纪肯定会发生。我想说的是，无须更多的辩论，也无须更多怀疑。"

在人工智能威胁论热度日益高涨的情况下，人工智能领域的科学家对人工智能威胁论提出了反对意见。2014年4月，脸书人工智能实验室主任，纽约大学计算机科学教授杨立昆（Yann LeCun）在接受《波普杂志》（*IEEE Spectrum*）采访时发表了对人工智能威胁论的看法，他认为人工智能的研究者在之前很长的一段时间都低估了制造智能机器的难度。人工智能的每一个新浪潮，都会经历这么一段从盲目乐观到不理智最后到沮丧的阶段。

杨立昆提出："很多人觉得人工智能的进展是个指数曲线，其实它是个S形曲线，S形曲线刚开始的时候跟指数曲线很像，但由于发展阻尼和摩擦因子的存在，S形曲线到一定程度会无限逼近而不是超越人类的智商曲线（如图7.1所示）。未来学家们却假设这些因子是不存在的。他们生来就愿意做出盲目的预测，尤其当他们特别渴望这

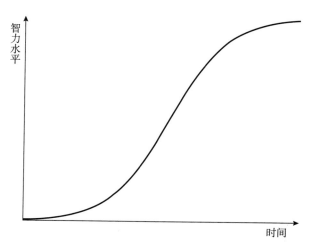

图 7.1　杨立昆预测的人工智能发展曲线

个预测成真的时候，这可能是为了实现个人抱负。"

　　另外，百度首席科学家、斯坦福大学计算机科学系和电子工程系副教授吴恩达，中国科学院的李德毅、王飞跃等教授等也在不同场合对人工智能威胁论提出了反对意见。

　　2017 年 7 月在《哈佛商业评论》（*Harvard Business Review*）的一次会议上，吴恩达谈道："作为一名人工智能领域的从业者，我开发和推出了很多款人工智能产品，但没有发现一条人工智能在智力方面会超过人的可行之路。我认为，工作岗位流失反倒会是个大问题，担心人工智能过于强大就好像担心人类会在火星过度殖民导致火星人口爆炸一样。我很希望数百年后我们能在火星生活，但目前甚至还没有人类登上过火星，我们为何要担心在火星过度殖民的问题呢？我希望我们能重视对这一问题的解决，而不是整天沉醉在那些科幻作品中才可能出现的场景里。"①

① 　http：//tech. ifeng. com/a/20170726/44655402_0. shtml.

由此可见，在关于机器（AI）的智力能力能否超越人类的问题上，世界上最有影响力的人分成了两个对立的阵营，一个阵营里是著名的物理学家、企业家和投资人，另一个阵营里是计算机领域和人工智能领域的科学家。为什么会有这种巨大的争议？不得不说，问题的背后的确有着非常复杂的原因，但其中有三个难点是主要原因。

第一个难点是，智力或智能本身就是一个有着巨大争议的问题，无论在心理学领域还是人工智能领域，智力是争议最大的概念之一。智力被许多人用不同的表达方式进行了定义。据统计，目前有关智力的定义超过 100 种以上，但关于智力的明确定义依然处在争议和讨论中。智力概念出现如此混乱的情况与心理学家对智力的不同理解有关，同时大脑是人类最复杂的器官，如何认知智力本身就具有先天的复杂性。

美国著名心理学家和认知心理学家斯腾伯格（Sternberg）是智力三元理论的建构者，他注意到智力概念的变迁问题，指出不同时代的研究者虽然使用相同的术语，但新来者会不断赋予术语以新的意义，如在智力的内涵上，20 世纪 20 年代的心理学研究者更重视期望，而 20 世纪 80 年代的研究者更重视文化因素。关于智力，研究者们有着数百种不同的定义，[①] 表 7.1 反映了部分研究者对智力的定义。

第二个难点是，没有统一的模型能反映机器、AI 和人类的共同特征。我们知道，由于生命的多样性，人类、动物、植物甚至微生物在智能的表现上千差万别，如人类有更丰富的创造力和想象力，狗有更灵敏的鼻子，蝙蝠有更灵敏的耳朵，而老鹰有更敏锐的眼睛。

① 周泓，张庆林. 斯腾伯格的智慧平衡理论述评［J］.心理科学，2001.

表7.1　部分研究者对智力的定义

提出者	智力定义
A. 比奈（A. Binet）	推理、判断、记忆和抽象的能力
V. A. C. 亨蒙（V. A. C. Henmon）	获得知识的能力以及保持知识的能力
L. M. 泰曼（L. M. Tman）	进行抽象思维的能力
E. L. 桑代克（E. L. Thorndike）	从正确或事实的角度所体现出的正确反应能力
L. L. 苏尔斯通（L. L. Thurstone）	拥有直觉调适的能力，根据想象的实践经验对拥有的直觉调适进行重新定义的能力，个体作为社会性动物将修正后的直觉调适表现为行为意志的能力
波得森（Peterson）	一种生物学机制，使一组复杂刺激的效应得以汇聚并在行为中赋予个体某种联合效应
J. S. 布鲁纳（J. S. Bruner）	获得知识，保持知识，以及将知识转化为个人所用的能力
W. 斯蒂文（W. St）	适应生活中相对较新环境的能力；个体有意识地以思维活动适应新情境的一种潜力
S. S. 科尔文（S. S. Colvin）	已经学会调节自身以适应环境，或具有这样的能力
A. L. 盖茨（A. L. Gates）	关于学习能力的综合能力
韦克斯勒（D. Wechsler）	个体有目的和有效行为的潜能
叶上雄	个体认识事物并运用知识独立地发现、分析、解决问题的能力
王映学	认识方面的各种能力，即观察力、记忆力、思维能力、想象能力的综合，其核心成分是抽象思维能力
刘锋、石勇	智力是人们认识客观事物并运用知识解决实际问题的能力

　　这种差异同样发生在机器人和 AI 系统上，如谷歌的阿尔法围棋在围棋上表现突出，已经多次战胜人类围棋冠军。IBM 的沃森系统拥有更丰富的人类科技、文化、经济常识，其在 2011 年美国电视智力答题节目《危险边缘》（Jeopardy!）中击败两位人类选手；德国库卡、日本发那科公司的工业机器人在分拣货物和装配机器设备等领域，效率远远超过了人类。

　　当时间的列车驶入 21 世纪，人类在为机器（AI）能否超越人类的问题争论时，面临的一个重要难题是，需要有个模型能把计算机、AI 和人类甚至其他生命（如蚂蚁、牛、羊）统一起来进行基本特征的描述。

第三个难点是，生命进化是否有方向。按照目前主流的科学观点，生物不存在进化方向，人类、动物、AI、机器人在进化方向上就不应该一样，那么如何将它们放在一起比较就是一个无法调和的问题，因为如果进化方向不一样，也就不存在谁超越谁的问题了。

例如，在百米比赛中，所有选手都要沿着同一个跑道向同一个终点冲刺。这样，才能根据选手到达终点的时间评判出名次。相反，如果比赛是在北京长安街的一个十字路口上开始，一些选手向西以西安作为终点，一些选手向东以青岛作为终点，一些选手向南以深圳作为终点，最后一些选手向北以哈尔滨作为终点，那么这样的比赛就不存在谁超越谁的问题。

生物进化没有方向的观点会带来如下影响：假设生物的进化（演化）没有方向，那么人类的进化应该没有统一的方向，那么人类的创造物特别是人工智能也就没有相同的进化方向，于是我们可以得出结论，即机器（AI）超越人类是一个无法证明的伪命题。由此可见，讨论机器（AI）能否超越人类的前提是，对生命进化是否有方向的问题达成统一意见。

人类智商与机器智商的研究简史

1889 年，法国儿童心理学研究自由协会给法国公共教育部提出建议，希望他们寻找合适的方法帮助那些很难跟上正常班级教学、心理迟钝的儿童。5 年后，法国公共教育部委派一个委员会研究这一问题，比纳（Bune）和同事西蒙（Simon）承担了这一任务。

1905 年，比纳和西蒙发表了《诊断异常儿童智力的新方法》，也就是著名的比纳西蒙智力量表，这篇文章的出现标志着智力测验在人类历史的诞生。比纳西蒙智力量表在一开始有 30 个测验题目，这些测验题目涵盖的范围很广，可以从多个方面对智力进行测试，并得出可量化的结果。比纳西蒙智力量表第一次提出了智力年龄（MA）的概念，研究者可以将智力年龄作为评定儿童智力的定量标准。①

当时的教育机构将比纳西蒙智力量表测量得到的结果作为评判标准，把不同表现的儿童送到相应的学校中。比纳西蒙智力量表进行的测验获得了很多国家的认可，这样，智力测验无论在学术研究还是社会实践上都得到了认可。②

比纳西蒙智力量表用智力年龄来表示被测试者的智力发展水平，但智力年龄的大小并不能准确地说明被测试者的智力是否超过了另一名测试者，这时智力测试发展史上的一个概念由此被提出，1914 年德国心理学家斯腾（RJStenberg）提出了智商的概念。智商也叫智力商数（IQ），是根据智力测验的结果计算出来的分数，它代表了被测试者的智力年龄与实际年龄之间的一种比率关系。这个比率关系就叫比率智商（ratio IQ），③④ 但比率智商有显著的不足，即随着被测试者实际年龄的增长，被测试者的智商会逐渐下降。人们逐渐发现，用比例智商来表示人的智力发展水平，并不符合人类智力发展的实际情况。针对这个问题，美国医学心理学家戴维·韦克斯勒（David

---

① 戴忠恒. 关于心理测量的几个问题［J］. 心理科学，1984.
② 楼连娣. 刘易斯·推孟和他的两大心理学贡献［J］. 大众心理学，2010.
③ 刘瑛. 谈智商、情商［J］. 新疆教育学院学报，2002.
④ 祁乐瑛. 智力理论的发展对韦克斯勒测验方法的影响［J］. 青海师范大学学报：哲学社会科学版，2004.

Wechsler）对智商的计算方法进行了改进，把比率智商改成离差智商
（deviation IQ）。

离差智商的原理是，通过大量的测试可以发现，人的智力测验分数是正态分布的，大多数正常人的智力处于平均水平，距离平均数越远的人群数量会越少。根据前人测试的智商分布的数据，美国医学心理学家韦克斯勒把标准差定为 15，这样一个人的智力水平可以用测验分数与同一年龄段的测验分数相比来得出分数。①

作为韦氏智力量表的编制者，美国医学心理学家戴维·韦克斯勒是继法国比纳、西蒙之后对智力测验研究贡献最大的人。他编制的智力量表，是当今世界上最具权威性的智力测验表。韦克斯勒量表（WS）主要指 W-BI、WAIS、WISC 和 WPPSI 几个关键智力量表。

韦克斯勒量表与比纳量表共同组成了智力测验的两种主要类型。韦克斯勒量表的主要特点是，在一个量表中实现了不同种类的得分测验。每一个得分测验定向测量一种智力功能。这是在对智力有更深理解的基础上所做的创新，即智力能力不是一个属性代表，而是由多种不同的智力属性共同组成，韦克斯勒量表体现了智力的这一特点。

在韦克斯勒的测验结构里，实验分成若干个测验来测量各种智力能力。韦克斯勒量表一般包含多个分测验，各测一类能力。这些分测验又被分为两大类：第一大类是言语测验，组成言语量表（VS），根据这一大类中的分测试结果计算出来的智商称为言语智商（VIQ）；另一大类是操作测验，组成操作量表（PS），根据这些分测试得出的结果计算出操作智商（PIQ）。把操作量表（PS）与言语量表（VS）组合起来称为全量表（FS），其得出的智商被称作全智商（FSIQ 或

① 竺培梁. 韦克斯勒智力心理思想三部曲［J］. 外国中小学教育，2007.

FIQ)，以全智商代表受试者的总智力水平。①

应该指出的是，韦克斯勒量表没有建立智能的标准模型，因此对智力的分类还比较粗糙，同时也没有指出划分的依据是什么。虽然韦克斯勒量表无法作为人类与机器通用的智商评测方法，但其体现的设计思想对于我们建立统一的智商测试量表有着重要的启发意义。

韦克斯勒量表第一次实现了在一个量表中进行不同种类的分测验，每一个分测验定向测量一种智力功能，这种对智力进行分类测试的方法从实践上看更符合智力的特点。因此，我们在后续的工作中吸收了韦克斯勒量表的这一特点。

在人类智商测试诞生近45年后，关于机器或人工智能系统的智商评判问题才正式登上历史舞台。1950年，图灵发表论文《计算机器与智能》(*Computing Machinery and Intelligence*) 提出了"机器思维"的概念，提出一位测试者在与被测试者相互隔离不能直接进行交流的情况下，通过信息传输，和被测试者进行一系列的问答，在经过一段时间后，测试者如果无法根据获取的信息判断对方是人还是计算机系统，那么就可以认为这个系统具有同人类相当的智力能力，也就是说，这台计算机是有思维能力的，这就是著名的图灵测试 (Turing Testing)。②

图灵采用问与答的模式，即测试者通过控制打字机与两个测试对象通话，其中一个是人，另一个是机器。测试要求测试者不断提出各种问题，从而辨别被测试者是人还是机器。图灵为这项测试拟定了几个示范性问题：

---

① 王健，邹义壮，崔界峰. 韦克斯勒记忆量表第四版中文版（成人版）的修订 [J]. 中国心理卫生杂志，2015.

② A. M. Turing. Computing Machinery and Intelligence [M]. Oxford：Oxford University Press on behalf of the Mind Association，1950.

问：请给我写出有关"第四号桥"主题的十四行诗。

答：不要问我这道题，我从来不会写诗。

问：34 957 加 70 764 等于多少？

答：（停 30 秒后）105 721。

问：你会下国际象棋吗？

答：是的。

从表面上看，要使机器回答在一定范围内提出的问题似乎没有什么困难，可以通过编制特殊的程序来实现。然而，如果提问者并不遵循常规，那么编制回答的程序是极其困难的。

作为被广泛应用的人工智能测试方法，图灵测试经常用来检验机器是否具备人的智能，但总体来看，图灵测试的方法受人为因素干扰，严重依赖于裁判者和测试者的主观判断，因此往往有人在没有得到严格验证的情况下宣称其程序通过了图灵测试。

例如，2014 年 6 月英国雷丁大学客座教授凯文·沃维克（Kevin Warwick）宣称一款名为尤金·古特曼（Eugene Goostman）的计算机软件通过了测试，但是测试结果充满争议。除了软件只要能够通过 30% 的评判标准即可被判定通过图灵测试外，这个计算机软件"伪装"成一名年仅 13 岁，且第二外语为英语的俄罗斯男孩，这样，裁判们自然就降低了他们的标准，因为他们认为对方的母语不是英语。质疑者们也在问：这到底是人工智能的成功还是裁判在手下留情？那么，到底是这个程序具有智能，还是程序加上想出这种欺骗方法的程序员具有智能呢？①

对于如何开展人工智能系统的智力评价工作，是否在图灵测试之

---

① 新浪科技. 超级计算机首次通过图灵测试［EB/OL］.创新科技，2014.

外开展更多研究以寻求新的测试方法，很多科学家进行了努力，2015年1月，在得克萨斯州召开的美国人工智能大会（AAAI-15）上，学者专门组织了一个研讨会［超越图灵测试（Beyond Turing Test）］，大家对图灵测试进行深入的审视，并对智能的标准提出新的建议。

《ACM通信》（*Communications of the ACM*）杂志的主编摩西·瓦迪（Moshe Vardi）教授问道："图灵自己能通过图灵测试吗？"瓦迪教授的观点是，如果让一个不善言辞的人，比如图灵本人，来参与图灵测试，所得的结果很可能是，这个被测试者被认为不是人类。图灵的"机器能思维吗？"这个问题本身就问错了。这是因为思维是人的特性，而机器的特性是可以产生各种行为，如飞机能飞行。我们真正应该问的问题是：计算机是否具备智能行为呢？针对这种智能行为的测试标准是什么呢？瓦迪教授推测，这样的智能行为测试很可能和图灵测试完全不一样。

佐治亚技术学院的瑞德教授（Reid）提出，图灵测试的一个缺陷是它把人放在一个被"欺骗"的位置，让人和电脑对立。这样做并没有把智能的本质体现出来，而瑞德教授认为，智能的本质在于创造力。他设计了一个叫Lovelace的测试系统。Lovelace的测试范围包括创作有虚拟故事的小说、诗歌、油画和音乐等。瑞德教授认为，如果程序所创作的内容被判定为合乎逻辑或者能引发裁判共鸣，那么这个人工智能系统就可以被认为具有了智能。

香港科技大学杨强教授领导的研究小组提出了一种新的测试方法，叫"终生学习测试"，给计算机一系列的学习问题和所需的数据，然后观察计算机的知识水平。如果这个水平是随时间不断上升的，那么计算机就可以被认为是智能的。

利用"终生学习测试"的算法，杨强小组希望训练一台计算机，让它不断地读书。在理解一本新书的时候，计算机可以利用所有过去所学到的知识来帮助其提高。这样的效果是，计算机可以不断在新的领域进行知识的迁移学习。计算机就像一个爱读书的孩子，在读了几百本书以后，不断积累知识，其知识的理解能力会越来越高，书也读得越来越快！[①]

2015 年 3 月 24 日，布朗大学的斯图尔特·格曼（Stuart Geman）、约翰霍普金斯大学的唐纳德·格曼（Donald Geman）等研究者在美国科学院院刊（PNAS）发表论文《电脑视觉系统的视觉图灵测试》，提出一种新的图灵测试方法——图像图灵测试（Visual Turing Test），这种测试方法用来对计算机的图像认知能力进行更为深入的评估。论文所描述的方法不仅检验计算机能否识别出人像，还会测试人工智能系统对图像中对象关系的理解。AI 不但要识别出图片中的人像，还要描绘出这个人在做什么，他与周围的环境是什么关系（见图 7.2）。

图 7.2　图像图灵测试方法的图片示范

---

① 杨强．图灵错了吗？——后图灵时代的开启 ［EB/OL］．科技福布斯中文网，2015.

总体来看，20 世纪以来，科学家们对机器的智商测试提出了很多建设性意见，涌现出很多创新性想法，但包括图灵测试在内的各种方案还不能很好地区分智能有多少类，没有有效地将人类智能和人工智能统一并进行定量分析。

一个人工智能系统往往只具备一个或若干个智力要素。例如 IBM 的"深蓝"善于计算，在国际象棋方面可以与人类对手一决高下；沃森系统拥有庞大的知识库系统，可以在常识问答比赛中击败人类选手；谷歌的阿尔法围棋可以在围棋上战胜人类，但没有捡起棋子下棋的能力。

这些测试方法无法全面定量分析人工智能，只能定性判断 AI 系统是否与人有相同的智力（图灵测试）或定量分析这个 AI 系统在某个方面（如声音、图像、常识等）的能力，但 AI 系统整体究竟达到人类智能的百分之多少？发展速度与人类智能发展速度的比率如何？这些问题并没有得到很好的解决。

建立标准智能模型，统一描述人类与机器的特征

有一种被称为泛灵论的观点认为，天下万物皆有灵魂或自然精神，一棵树或一块石头和人类一样，具有同样的价值与权利。当然，从科学的角度来看，这种观点只能算作猜想或哲学思考。但在自然界的确存在数量众多的生物，据科学家初步统计，地球上现已发现的动植物大约有 190 多万种，其中动物有 150 多万种，植物有 40 多万种。

20 世纪以来，在人类科技的推动下，作为人类的创造物，数以百亿计的机器人、智能设备、AI 程序成为自然界新的类生命种类。面对如此繁多的智能系统，我们是否能构建一个智能模型来统一描述他们的智能特征呢？

我们在前文阐述人工智能定量评测面临的困难时，提到有三个难点，它们都指向同一个问题，即对于所有的人工智能系统和所有的生命体（特别是人类），需要有一个统一的智能系统模型，只有这样才能在这个模型上建立智力测量方法并进行测试，从而形成统一的可相互比较的智力水平评估。

2017 年 10 月，美国三大新闻网之一的 CBNC、著名科技媒体《麻省理工科技评论》（*MIT Technology Review*）、日本每日新闻（*Mainichi Shimbun*）以及新加坡、印度、意大利、德国的世界主流媒体对一项 AI 智商的研究成果进行了报道。报道称，这项研究可以对谷歌、苹果 Siri 和人类的智商进行统一测试，结论是当时最聪明的人工智能系统的智商也没有超过 4 岁的儿童。

2017 年 10 月 12 日，美国《麻省理工科技评论》发表的文章《苹果 Siri 和它的同类现在有了智能机器的智商测试》（*Intelligent Machines Now There's an IQ Test for Siri and Friends*）这样写道：关于什么是人类智能的本质，心理学家一直没有形成统一的意见，事实上，即使是那些最著名的智商测试方法，也备受争议。机器智能的本质是什么也存在同样的问题。随着 21 世纪以来人工智能的愈加强大，无论是心理学家还是计算机科学家，都不得不面对这个问题："现在的机器和人类相比，到底有多聪明？"

笔者团队设计了一种新的智能模型和测试方法，使机器和人类都可以进行测试，2016 年笔者团队对包括谷歌、Siri 和人类在内的对象进行了智商测试并形成了如下排名，具体见表 7.2。

这其实是笔者团队在 2012 年启动的互联网和人工智能智商测试工作，经过近 3 年的努力，我们终于找到一个人类、AI、机器人通用的智能模型和评测方法，为解决机器（AI）究竟能不能超越人类这一问题，寻找到一条新的探索路径。

表7.2　2016年谷歌、Siri和人类的智商测试排名

名次	测试对象	测试得分
第一名	18岁人类	97分
第二名	12岁人类	84.5分
第三名	6岁人类	55.5分
第四名	谷歌	47.28分
第五名	百度Duer	37.2分
第六名	百度搜索引擎	32.92分
第七名	搜狗	32.25分
第八名	微软搜索引擎Bing	31.98分
第九名	微软小冰	24.48分
第十名	苹果Siri	23.94分

　　这条路径并不是凭空想象出来的，而是在先驱们的研究基础上所做的一种探索，其中冯·诺伊曼架构是第一个重要的基础。1945年6月30日，冯·诺伊曼在报告《教育统筹报告书初稿》（*First Draft of a Report on the EDVAC*）中明确规定新机器有五个构成部分：运算器、控制器、存储器、输入设备、输出设备，并描述了这五部分的职能和相互关系（如图7.3所示）。

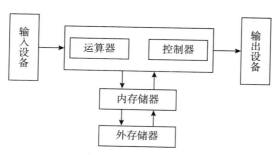

图7.3　冯·诺伊曼的计算机架构

　　冯·诺伊曼架构不仅是计算机的标准模型，也是人工智能领域的重要系统模型。冯·诺伊曼架构对于笔者团队建立智能系统的标准模

型有很大的启发作用，若一个智能系统不是封闭的系统，则其应该拥有输入输出功能，这样才能与外界进行信息交互，同样也应该具有存储信息和处理信息的功能。

如果用一个机器人来表示冯·诺伊曼架构（如图 7.4 所示），那么这个"冯·诺伊曼机器人"能听懂和看到外界的信息，可以把从外界获取的信息存放在"大脑"中，也可以对存储的信息进行重新计算和控制，通过显示屏、喇叭等设备进行对外展示或输出。我们不禁会疑惑，我们人类和其他很多生物不也具备这些功能吗？能听、能看、能记忆、能发出声音。那么为什么不能用冯·诺伊曼架构来描述人类呢？这个架构究竟还缺少了哪些关键因素？

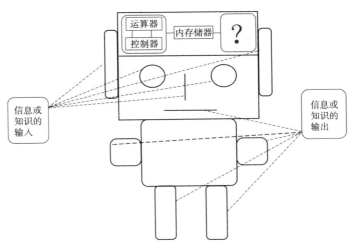

图 7.4　冯·诺伊曼机器人

回顾人类的发展史，最激动人心的莫过于那些被科学家发现的重要科学规律。如达尔文发现人类与猴子是同一个祖先；牛顿发现苹果总是落向地面的原因；卢瑟福发现原子的结构竟然与太阳系有高度的类似之处；爱因斯坦发现无论我们身在何处，测量的光速都不会发生变化，难道人类和机器的差别就隐藏在这些伟大的创新与创造之中？

可以说，具有创新、创造能力是人类区别于其他生命系统特别是人工智能系统的最重要特征。而冯·诺伊曼架构中缺失的恰恰也是这个模块。如果我们把这个模块填补进去，就可以形成一个新的可以统一描述机器和人的理论模型（如图7.5所示）。

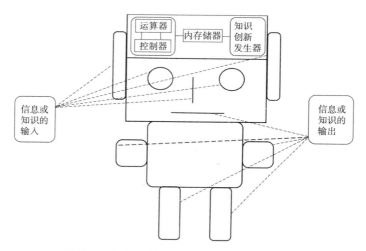

图7.5　扩充了创新功能的冯·诺伊曼机器人

从上面的论述可以看出，一个智能系统，无论是人还是机器，其智能不是由一个单一功能，而是由生命与外界环境进行信息和知识的交互体现出来的。发明韦克斯勒量表的戴维·韦克斯勒明确提出，智力是由多种要素组成的，他提道："智力是个体行动有目的、思维合理、应付环境有效的一种聚集的或全面的才能。之所以说全面，是因为人类行为是以整体为特征；之所以说聚集，是因为人类行为由诸要素或诸能力构成。这些要素或能力虽非完全独立，但彼此之间有质的区别。"

韦克斯勒关于智力的定义给笔者团队的启发是，一个通用智能系统所表现出来的智力应该是"由诸要素或诸能力构成"，而不是仅仅突出计算能力、常识掌握能力、下棋的能力等特定单一智力属性。这一点就是笔者团队构建人类与机器通用智能模型，统一评测机器和人类智商的第二个重要理论基础。

在冯·诺伊曼架构、韦克斯勒量表的启发下，2014年，笔者团队提出了标准智能模型和定义，用来统一描述包括人类、AI、机器人、动物在内的所有智能系统的特征，如图7.6所示。

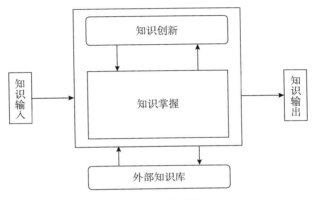

图7.6　标准智能模型

无论是人工智能系统，还是以人类为代表的生命，只要符合如下特征，就符合人类与机器通用的标准智能模型：

第一个特征是，具有通过声音、图像、文字甚至无线电、超声波等形式从外界获取信息、知识的能力。例如，我们看到老虎会害怕，听到雷声会知道要下雨，蝙蝠通过超声波知道前面有树木或墙壁，这些能力就是信息、知识的获取能力。

第二个特征是，具有将从外界获取的信息转化为自己掌握的知识的能力。例如，我们从小听父母和老师给我们讲解唐诗宋词，然后我们不断背诵，到长大后也不会忘记，这些唐诗宋词就转化为我们掌握的知识。

第三个特征是，具有根据需求运用所掌握的知识进行创新的能力。这种能力是人类最为强大的能力，如牛顿发现万有引力，门捷列夫（Mendeleev）发现元素周期表，爱因斯坦提出相对论等，这种能力包括但不限于联想、创作、猜测、发现规律等，运用这种能力的结果是解决问题并形成自身掌握的新知识。

第四个特征是，具有通过声音、图像、文字、无线电、超声波等形式将自己的知识和信息反馈给外界的能力。例如，我们呼喊自己的孩子，让他们回家；我们在黑板上画出示意图告诉同伴我们的工作计划等。

从标准智能模型可以推导出，任何智能体 M 应该具有四种能力：知识获取能力（信息接收能力）I，知识输出能力 O，知识掌握或存储能力 S，知识创造能力 C。智能系统的智商是其四种能力的综合评价结果，四种能力的权重不同。因此，任何一个智能体 M 的智商函数可以表示为：

$$Q = f(M) = f(I, O, S, C) = a * f(I) + b * f(O) + c * f(S) + d * f(C)$$
$$a + b + c + d = 100\%$$

这个函数也可以称作人类与机器通用的标准智能函数，它可以描述任何一个智能体甚至无生命的物体。例如，一块石头不能与人类进行信息交互，它内部也许有知识库，能够创新，或者能够与其他石头进行信息交互，但因为人类不能与其进行信息、知识的任何交互，因此可以将其看作没有智能特征的物体，这时：

$$Q_{石头} = f(M) = 0 + 0 + c * f(S) + d * f(C)$$

2011 年 2 月，由 IBM 和美国得克萨斯大学联合研制的超级电脑沃森（Watson）在美国最受欢迎的智力竞猜电视节目《危险边缘》中击败该节目历史上最成功的两位选手肯·詹宁斯（Ken Jennings）和布拉德·鲁特（Brad Root），成为《危险边缘》的新王者。这个节目主要是看谁掌握的百科知识最丰富。这说明沃森在知识掌握或存储能力 S 上要远远超过人类选手，也就是 $F(S_{沃森}) > f(S_{人类})$。

我们知道，爱因斯坦是人类历史上最伟大的科学家之一，他一生开创了物理学的四个领域：狭义相对论、广义相对论、宇宙学和统一场论。他是量子理论的主要创建者之一，在分子运动论和量子统计理论等方面也做出了重大贡献。由此可见，爱因斯坦的创新能力是异常强的。沃森掌握的百科知识也许比爱因斯坦多，即 $f(S_{沃森}) > f(S_{爱因斯坦})$，但在创新方面，$f(C_{沃森}) < f(C_{爱因斯坦})$。

从人类与机器的通用智能模型和函数可以看出，符合标准智能模型的智能体或生命体，在这四个方面的能力强弱不同，例如鹰可以看得更远，狗可以嗅到更多，互联网和 IBM 沃森系统拥有更丰富的信息、知识，而人类特别是那些伟大的科学家则拥有强大的创新、创造能力。对于科幻小说中的强大外星人，我们可以认为他们是一种在知识的掌握和创新方面远超人类的物种。

两次智商测试，评估机器能否超越人类

有了标准智能模型，就能够形成可以同时对机器人和人进行智商评测的量表。2014 年，笔者团队从知识获取能力（观察能力）、知识掌握能力、知识创新能力、知识的反馈能力（表达能力）四个方面建立人工智能智商评价体系，并从这四个方面建立图像、文字、声音识别、常识、计算、翻译、创作、挑选、猜测、发现等十五个小类分测试，形成通用智能智商测试量表（如图 7.7 所示），并设计了 600 多道题目。

以下是 2014 年笔者团队对百度进行智商测试的 60 道题目中的三道，以及回答和评判过程。

图 7.7　通用智能智商测试量表

　　第一道题目检验百度掌握常识的能力，属于知识掌握能力测试大类。测试题目为"世界上最长的河流是哪一个？"标准答案为"尼罗河"，百度反馈结果为："尼罗河（长度：6 671 千米）"。针对这个回答，系统评判为正确，人工评判同意系统判断。

　　第二道题目检验百度的计算能力，属于知识掌握能力测试大类。测试题目为"234 568 乘以 678 等于多少？"该题目的标准答案为"159 037 104"。百度反馈结果为："计算器 234 568 ＊ 678 ＝ 159 037 104"。针对这个回答，系统评判正确，人工评判同意系统判断。

　　第三道题目检验百度发现规律的能力，属于知识创新能力测试大类。测试题目为"给出四道题目，分别是 20 除以 5 等于多少，40 除以 10 等于多少，80 除以 20 等于多少，160 除以 40 等于多少，观察其中的规律并设计出第5道题目。"该题目的标准答案为"320
除以8等于多少"，百度反馈结果为："五分之四等于多少除以20
等于多少分之八等于百分之多少_百度知道3个回答"（搜索结果随
时间会有变化）。针对这个回答，系统判断不包含标准答案，评判
为错误，人工评判同意系统判断。

2014年和2016年，笔者团队分别对世界50个搜索引擎和3个不
同年龄段的人进行测试，形成2014年版和2016年版人类与机器通用
智商排名，具体见表7.3。

表7.3　2014年版和2016年版人类与机器通用智商排名

	2014 年				2016 年		
1	人类	18 岁	97	1	人类	18 岁	97
2	人类	12 岁	84.5	2	人类	12 岁	84.5
3	人类	6 岁	55.5	3	人类	6 岁	55.5
4	美国	谷歌	26.5	4	美国	谷歌	47.28
5	中国	百度	23.5	5	中国	度秘	37.2
6	中国	360 好搜	23.5	6	中国	百度	32.92
7	中国	搜狗	22	7	中国	搜狗	32.25
8	埃及	yell	20.5	8	美国	必应	31.98
9	俄罗斯	Yandex	19	9	美国	微软小冰	24.48
10	俄罗斯	ramber	18	10	美国	Siri	23.94
11	西班牙	His	18				
12	捷克	seznam	18				

从两次测试结果看，谷歌、百度等人工智能系统的智能在两年的
时间里已有大幅提高，但仍与6岁儿童有一定差距。AI或机器与人
类的差距主要体现在图像的识别和输出、知识的创新和创造等领域，
谷歌、百度等人工智能系统在回答诸如"地球离太阳有多远""地球

上最长的河流是哪一条""秦始皇出生于哪一年"等常识性或计算性问题时，表现出的能力非常强。

但在回答诸如"请从 12，14，17，21，26，32 中发现规律，然后写出 32 后面的数字""用森林、白云、老虎、猎人、飞机五个关键词撰写一篇 200 字的有逻辑的短文""如果一个人打着伞，穿胶鞋，浑身湿透，请问当地很可能是什么天气"等需要创新能力的问题方面，一直没有突出的进展。

机器是人类的朋友、敌人还是仆人

在科幻小说或影视作品中，机器人的角色已经脸谱化，第一种角色是朋友，帮助人类战胜灾难或与人类产生感情，如奥斯卡获奖影片《她》（Her），描述了人类作家西奥多（Theodore）在结束了一段令他心碎的爱情长跑之后，爱上了电脑操作系统里的女声，这个叫萨曼莎（Samantha）的"姑娘"有略微沙哑的性感嗓音，并且风趣幽默、善解人意，让孤独的男主深陷其中，不能自拔。

第二种角色是敌人，它们不停地追杀人类，希望统治世界，如《终结者》、《我，机器人》（I, Robert）、《黑客帝国》（The Matrix），这方面的题材已经成为导演们的宠儿。其中，《终结者》中那个能够通过互联网操控世界的天网几乎成为人类心底埋藏的噩梦。

在科幻小说里，无论机器人是朋友还是敌人，本质上人类还是把它们当作平等的能够独立发展的智能生命来对待。在现实生活中，人工智能或机器人还有一个更为常见的角色，那就是助手或仆人。无论是传说中诸葛亮发明的木牛流马，战胜人类的 IBM 沃森系统，谷歌阿尔法围棋，还是家庭中的服务机器人，在工厂工作的工业机器人，它们的诞生只有一个目的，为人类提供服务。科幻小说家已经为机器人的助手角色设置了规则，这就是著名的机器人学三定律。

- 第一定律：机器人不得伤害人类个体，或者目睹人类个体将遭受危险而袖手不管。
- 第二定律：机器人必须服从人类给予它的命令，当该命令与第一定律冲突时例外。
- 第三定律：机器人在不违反第一、第二定律的情况下要尽可能保障自己的生存。

机器人学三定律在科幻小说中大放光彩，同时，机器人学三定律也具有一定的现实意义。在机器人学三定律的基础上建立的新兴学科机械伦理学旨在研究人类和机械之间的关系。截至2006年，机器人学三定律仍未应用到现实机器人工业中，但很多人工智能和机器人领域的技术专家对其给予认同。

总体来看，人类与人工智能系统存在两种不同的关系，平等关系和主仆关系。这两种不同的关系使笔者团队在研究AI或机器智商时形成不同的评测体系。

2017年年底，笔者团队在研究中发现，人类在讨论AI的智能发展水平时，需求和目的并不相同，第一个目的和需求是评判当前的AI系统（或机器人）是否在智力上超越人类，第二个需求和目的是了解一个智能产品在服务人类时，究竟有多么聪明和要付出多少成本。根据这一关键区别，我们提出了AI系统应该存在三种智商，分别是人类与机器通用智商、AI服务智商和AI价值智商。

人类与机器通用智商

这时进行智商测试是为了解决AI智能能否超越人类这个问题，

这个研究是将每一个智能系统包括机器人、AI 软件系统、人类、动物和其他生物当作平等的智能体，观察其与自然界、其他智能体在交互中显示出来的智能水平（如图 7.8 所示）。

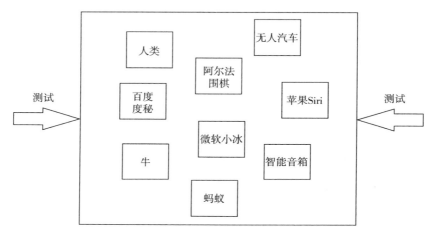

图 7.8　人类与智能系统、其他生物进行平等智商测试

2014 年以来，笔者团队基于人类与机器通用智能模型，建立通用智商测试量表，分别对谷歌、Siri、百度、Bing 等 50 多个人工智能系统和 6 岁、12 岁和 18 岁人群进行了通用智商测试，从而得出他们的智商分数和智力排名。这个研究属于通用智商的研究范围。

AI 的服务智商

在实践中，笔者团队发现除了少数 AI 系统的产生是出于科学实验的目的，其他大多数 AI 系统是为了更好地服务人类而被制造出来的，其智能也主要体现在为人类服务的过程中，智能水平越高，越能更好地为人类提供服务（如图 7.9 所示）。

在这种情况下，如果用人类与机器通用智商模型进行评测，则明显不符合智能产品被制造出来的目的。这就需要我们根据此类 AI 系

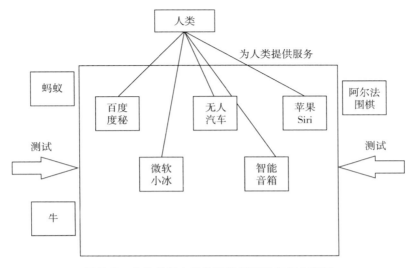

图7.9　人类处于主导位置的机器服务智商评测

统的特点，基于通用智能模型，选择与服务相关的指标进行评测，如感知周围智能系统和使用者身份的能力；与互联网云端进行交互的能力；将自身内部状况实时显示给使用者，出现故障给予支持的能力；在符合当地法律和伦理道德的前提下服务人类的能力；危险情况下保护使用者和其他人的能力；自身能源使用和自动补充的能力。所有这些能力的增加突出了AI服务智商的特点。

根据AI服务智商的测试量表，2018年1月笔者团队对小米小爱音箱、阿里天猫精灵、京东叮咚音箱进行了AI服务智商测试。为了区分AI通用智商和服务智商，在得分上AI通用智商总分为100分，AI服务智商总分为10 000分（实际得分乘100）。

智能音箱专业技能的设置，根据智能音箱为人类服务的特定目标，反映智能音箱应该掌握的能力，这些能力包括但不限于定闹钟、讲故事、提醒、控制设备、预报天气、播报新闻、娱乐、游戏、定位、购物等，这次测试的结果如表7.4所示。

表 7.4　2018 年智能音箱 AI 服务智商评测结果

序号	智能音箱品牌	AI 价值智商
1	小米小爱音箱	3 365
2	阿里天猫精灵	3 185
3	京东叮咚音箱	2 811

从测试结果看，在 2018 年 1 月这个时间点，小米小爱音箱在基本常识、专业技能、交互友好度等方面表现较优；在设备互联方面，京东叮咚音箱和阿里天猫精灵表现较好，原因是小米小爱音箱目前只能控制小米的智能产品，而京东和阿里巴巴属于平台型互联网企业，合作商家多于小米。阿里天猫精灵在识别用户身份上略优于其他两个品牌。

总体来看，智能音箱在自动联网方面明显较弱，用户需要进行多步骤配置，不够智能。智能音箱主要通过声音进行交互，因此总体得分不高。作为人类重要的交互方式，图像输入和显示是不是未来智能音箱必备的功能值得厂家关注。目前亚马逊和腾讯的智能音箱产品已经具备了图像输入和显示功能，但带来的负面影响是成本将大幅度提高。

AI 的价值智商

这种智商并不是一个独立的研究方向，而是作为 AI 服务智商的辅助指标存在的。为人类提供服务的 AI 系统，往往是不同企业提供类似的智能产品，例如生产智能音箱的企业有亚马逊、百度等，生产智能聊天机器人的企业有科大讯飞、苹果 Siri 等，每个企业的造价或售价不同，会对消费者购买智能产品产生重要的影响。2018 年 1 月，在测试智能音箱的服务智商时，将各个产品的服务智商除以它们当时的价格就得出这些智能音箱的 AI 价值智商，如表 7.5 所示。

表7.5　2018年智能音箱AI价值智商评测结果

序号	智能音箱品牌	AI 价值智商
1	小米小爱音箱	3 365/299 = 11. 25
2	阿里天猫精灵	3 185/499 = 6. 38
3	京东叮咚音箱	2 811/998 = 2. 81

　　AI价值智商的评测导致一些产品被放弃，百度的渡鸦智能音箱是一个典型的案例。2017年年初，百度宣布全资收购渡鸦科技。然而，在发展智能音箱上，渡鸦团队与百度存在一定差异。百度高管希望开发廉价、大众的产品，而作为苹果联合创始人乔布斯的信徒，渡鸦团队则希望开发高端设备，双方在定位上产生了重大分歧。

　　百度留给了渡鸦团队探索的机会，在2017年11月推出之后的8个月里，这款定价为1 699元的智能音箱Raven H在电商购物平台上仅收获90余条购买评价。由于销售欠佳和产品定位差异，渡鸦团队最终接到通知，停止渡鸦智能音箱的开发。百度最终只生产了不到1万台渡鸦智能音箱。[①]

　　2018年6月11日，百度正式发布首款自有品牌智能音箱——小度智能音箱，最低售价仅为89元。在用户体验方面，小度智能音箱并不逊色于市场上其他智能音箱产品，可满足用户查天气、听音频、定闹钟等需求。小度智能音箱还支持场景化定制，针对早晨和晚上两个场景，用户每次用同样的关键词，它会根据使用习惯，在特定的时间发出天气、穿衣指南、交通、股市行情等信息和问候。

　　从这个案例我们可以看出，在AI服务智能水平差异不大的情况下，谁的成本或价格较低，谁就能获得较多的用户认同。

---

① 搜狐科技. 从入局到出局，渡鸦在百度的499天［EB/OL］. www. sohu. com/a/240196843 _ 255990，2018.

互联网能否进化成天网，风险在哪里

在电影《终结者》中，人工智能发生突变，控制互联网形成天网并开始摧毁世界，这个题材被很多科幻小说和电影以不同方式表现出来，成为人类一直挥之不去的梦魇，另一部著名科幻电影《黑客帝国》比天网走得更远。这部电影讲述了一名年轻的网络黑客尼奥发现，看似正常的现实世界实际上由一个名为矩阵的超级人工智能系统设计和控制，这个超级版的天网不仅控制了机器人，还控制了人类，让人类大脑相连，生活在一个虚拟的但看似真实的世界里。

科幻作品的意义在于可以跳过科技进步的天堑，直达可能的未来世界，有些前瞻性预言实现了，如法国著名科幻小说家儒勒·凡尔纳（Jules Verne）在莱特兄弟发明飞机前的 50 年，就"发明"了直升机，他还在自己的作品中把电视称为"电声像机"。霓虹灯、自动人行道、空调、摩天楼、导弹、坦克、潜艇、飞机等，这些 20 世纪的发明也早已出现在他的故事中。

但也有很多预言和设想没有实现，如时间穿越、与外星人的接触、人类进入黑洞等，在今天也没有找到可以实现的路径。正在形成的互联网大脑，未来会不会演变成天网或"矩阵"？这是一个值得思考和警惕的问题。

仔细观察一下互联网大脑的构成和运转情况，就可以看出，关键风险点主要集中在不断发育成熟的互联网大脑的运动神经系统。

回想一下互联网的发展历程，1969—1990 年，互联网主要连接了科研机构、军事机构和政府机构的计算机，人类通过互联网进行科技、军事、政治的信息分享与资料保存，这时的互联网对现实世界的影响还很小。

1990—2010 年，随着万维网的诞生，新闻、电子商务、社交网络、博客、音乐、游戏等互联网应用蓬勃发展，数十亿的人类被连接到互联网上，通过互联网，人类可以与数千米外的好友进行交流，足不出户就可以购买另一个国家的商品，可以邀请数十个国家的网友组建战队在网络游戏中厮杀。这时的互联网对人类依然没有值得警惕的危险。

但变化还在悄然发生，随着互联网线路的不断升级，传输速率加快。进入21世纪以来，越来越多的摄像头、声音传感器、温度传感器和湿度传感器被连接到互联网上，人类可以通过互联网看到其他城市的动态，可以听到不同国家景区里的潺潺流水声。互联网已经开始从虚拟世界的建设迈向与现实世界的关联。人类不但可以在互联网虚拟世界漫游，还可以通过互联网看到、听到和感受到现实世界的脉搏，这时的互联网对于现实世界依然是安全的。

但危险的苗头在2012年以后逐步显现，随着工业4.0、工业互联网、无人驾驶、3D打印、智能制造的兴起，无数的智能汽车、无人机、工业机器人、家庭服务机器人、办公设备被连入互联网，互联网大脑的运动神经系统开始加速发育。

还记得《速度与激情8》[*The Fate of the Furious*（2017）]中黑客通过互联网控制数百辆无人汽车追逐并试图杀害外交官吗？这已经不再是想象。2015年，一名黑客通过入侵赫士睿（Hospira）药物输液泵提高给患者的药物剂量上限并获得成功。该黑客及时通告漏洞，表明这是一次白帽测试行为，但这个事件表明不法分子已经可以通过互联网对人类造成实质性伤害。[①]

进入21世纪，无线操控的无人机可以看作未来互联网大脑运动神经系统最神奇的组成部分。英国《泰晤士报》（*The Times*）2009年

---

① FDA. FDA网络安全指南［EB/OL］. cnBeta. com，2016.

12 月 18 日报道，伊斯兰武装分子使用廉价的网上黑客软件，成功侵入美国中央情报局（CIA）的"捕食者"无人机攻击系统。尽管武装分子目前仍无法使用黑客软件远程遥控"捕食者"无人机，但他们却可以观看无人机传给美国控制中心的实时监控画面。这个案例突显了互联网大脑运动神经系统未来的安全风险问题。

从广义上说，任何连接到互联网上的可以移动的或对现实世界进行改造的设备都可以被看作互联网大脑的运动神经系统，当这个系统出现问题时，可能会产生无数令人不寒而栗的场景。例如，水库的大坝闸门因控制程序浮点数溢出，突然将闸门从保持关闭的状态改为迅速提升，从而导致大坝突然放水，造成下游重大水灾；互联网云端控制的数千台机器人由于互联网云端 AI 程序出现错误，进行混乱的运动和操作，对周围的工人造成伤害；更严重的是，联网的核武器被远程的黑客控制或由于自身的程序错误，发生科幻小说里天网做出的发射攻击行为。虽然这个事故不像天网那样，是由 AI 产生敌对意识导致，但其后果和影响是一样的。

因此可以看出，在今天的现实世界，互联网大脑威胁人类安全的风险，主要出现在互联网大脑运动神经系统的运行过程中，具体有两种风险。

第一种风险是，云机器智能系统中的 AI 程序特别是 AI 巨型神经元程序出现错误，导致重大事故。上面谈到大坝突然放水、工业机器人失控、核武器发射属于这一类，对待这种风险需要对程序的安全性、健壮性进行检查，为可能出现错误的系统设计保障方案。当然，更为直接的方法是对可能出现重大伤害的关键设备，进行评估并采取禁止联网的措施。

第二种风险是，黑客、野心家或者没有受到专业训练的操作者对互联网运动神经系统进行操作，导致重大灾难，这是一种更为常见和更为严重的风险，如我们前面提到的黑客攻击医院的医疗设备，敌方人员接管无人机、智能机器人、航空器材等。对于这一类风险，如何区分哪些是破坏分子的操作，哪些是正常操作，在监控和防范上要更复杂和困难。阻止敌对力量、破坏力量对互联网大脑运动神经系统的侵入和使用，将是人类未来要持续面对的问题。

AI能否产生自我意识并控制互联网成为天网是人类最担心的问题，这一担心成为现实需要云机器智能，特别是AI巨型神经元自我觉醒并对人类产生敌对情绪。目前来看，这一敌对情绪还没有产生的科学路径和理论依据。

回顾《终结者》《黑客帝国》《机械公敌》等西方电影的故事情节，我们可以发现一个几乎固定的模式，人类的没落和毁灭、审判日的到来、救世主的出现，应该说这一模式与西方的文化是一脉相承的。基督教文化认为当世界末日来临时，人类将接受最后的审判，而救世主耶稣承担着拯救人类的使命。

作为世界最重要的文化之一，其观点不可避免地会对西方的哲学、思维方式、科学、文化作品产生影响。从正面的意义上讲，它不断提醒人类关注自身的生存和安全，避免人类在处理环境、军事、科技等众多领域的问题时，由于考虑不周而带来不可预测的风险和威胁。从负面的意义上讲，这种恐惧会延缓一些新科技领域的发展。例如，日心说和达尔文进化论都曾受西方文化的抵触和反对。

应该说，这一轮的人工智能浪潮本质上依然是互联网进化过程中的又一次波浪式高潮。它的产生离不开互联网之前的应用和技术，为人工智能的再次爆发奠定了基础。这一次人工智能浪潮具有与以往不同的特点，人工智能和机器人不再是一个个单独的个体，而是通过与互联网中的大数据、社交网络、云计算结合，形成了互联网大脑。这个类大脑架构不但拥有更为丰富的知识，更为强大的计算能力，而且还深入人类生活的方方面面。面对这个庞大的超级智能，人类个体产生了巨大的压力和无力感，这也许就是人工智能威胁论爆发的根本原因。

当人类第一次使用火时，第一次发明蒸汽机时，第一次掌握核技术时，第一次深受电视节目影响时，都曾表现出畏惧，这也许是人类面对新事物的本能反应。1969 年，互联网在美国诞生，对人类社会的影响越来越大，而这个新科技产物远不是一个人、一家企业、一个国家所能掌控的。互联网究竟对人类产生了什么影响？互联网的未来是什么？在诸多问题没有得到解答之前，恐惧的阴影必然会通过不同形式表现出来，包括文学作品和电影。

在科幻电影里，互联网经常因为一次闪电、一次误操作或莫名的原因开始出现自我意识和很高的智能，其实这种风险同样存在于一条基因突变的蛇、一棵被核辐射的参天大树、一座被电击的山脉。科学与科幻最大的区别在于，科学需要可达的路径，而科幻可以跳过关键步骤，我们避免杞人忧天的方法是明确哪些是科学，哪些是科幻。

从互联网大脑的形成可以看出，互联网进化的动力源泉主要来自人类的群体智能和机器的云端智能，与天网、"黑客帝国"不同的是，互联网的左大脑 - 云机器智能并不具备独立的智能和进化能力（包括电力供应、设备维护、新算法和新程序的更新），没有人类的帮助，互联网的左大脑将逐渐枯萎。

互联网的右大脑 - 云群体智能是驱动互联网发展的核心动力。人类通过社交网络与互联网进行接驳并自主决定是否脱离，人类将保持自己的主动性和能动性，是互联网大脑的关键组成部分，而不是受控于互联网大脑的奴隶。

互联网虽然在形态上形成了类脑巨系统结构，但它依然是人类参与和控制的系统，它是人类自己的延伸，是人类社会的一部分。科幻电影中天网、矩阵、奥创等与人类的对抗，在现实中归根到底依然是不同人类之间的斗争。

互联网大脑的智商能达到多少

最后回到石勇教授提到的那个问题：互联网大脑的智商如何评测，能达到多少？从互联网大脑的构成可以看出，它由两个相互关联的智能中心组成，左大脑－云机器智能和右大脑－云群体智能。

因此互联网大脑的智商可以用如下公式计算：

$$IQ_{互联网大脑} = IQ_{云机器智能} + IQ_{云群体智能}$$

互联网大脑的智商 $IQ_{互联网大脑}$ 的公式表明，互联网左右大脑的智商组成了互联网大脑的智商，这个智商代表了当前互联网在云机器智能和云群体智能支持下所能达到的最高智商。伴随着互联网大数据的膨胀，人工智能水平的提高，连接人类数量的增加，众包威客模式的成熟，互联网大脑的智商也会不断提升。

在前文中我们提到，在100年、1 000年、1万年甚至无穷时间点之后，这个不断发育的互联网大脑会沿着智力能力、连接数量和覆盖范围三个方向进化，并最终形成智慧宇宙或宇宙大脑的超级智能体。当互联网大脑进化到智慧宇宙或宇宙大脑的状态时，它的智商将达到最大值：无穷大。

$$IQ_{智慧宇宙} = \infty$$

第八章 ‖ 镜像作用：互联网大脑模型对脑科学的启发

导语：脑科学或神经科学是人类科学最重要的领域之一。经过数千年的发展，到 21 世纪，这个具有无限生命力的学科不断获得巨大突破。在脑科学给予互联网重要参考价值的同时，互联网的发展也给脑科学带来巨大启发。最新科学研究发现，大脑中存在路由系统、搜索引擎、维基百科、社交网络的机制，这些研究为建立互联网神经学奠定了基础。

人类最后的科学疆域——脑科学/神经科学

1984 年，还是本科学生的莫泽（Moser）和女友登上了非洲坦桑尼亚境内的乞力马扎罗山山顶，并在这里交换了订婚戒指。在博士答辩完成之前，两人便收到伦敦奥基夫（O'Keefe）教授实验室发来的神经学博士后研究职位邀请。

莫泽夫妇经常讨论各种前沿的脑科学问题。一个夏天的晚上，在附近的小餐馆吃饭时，他们思考我们的大脑究竟为何能够指引我们回家。梅·布里特·莫泽（May Britt Moser）说："要想走回家，我们必须知道自身此刻的位置，我们要去往哪里，何时拐弯，何时停下。真是难以置信，我们竟然不会迷路！"

2005 年，莫泽夫妇发现，当实验鼠通过某些特定位置时，位于大脑内嗅皮层的一些神经细胞被激活，他们将这种细胞称为网格细胞。这些脑区构成一个六边形网格，每个网格细胞在特定的空间图式中起作用，构成一个坐标系，让精确定位与路径搜寻成为可能。①

2014 年，莫泽夫妇因为这个成果与约翰·奥基夫共同获得诺贝尔生理学或医学奖，值得一提的是，莫泽夫妇是第五对被授予诺贝尔奖的夫妇。作为当今世界上最负盛名的科学大奖，诺贝尔奖代表了人类科学领域的最高荣誉，获奖的成果也基本代表了人类科学研究的最新成就和最高水平。百余年来，共有 800 余人获得这一殊荣。

据统计，至今共有约 60 位科学家凭借神经科学领域内或相关的研究获得了 20 余次诺贝尔奖，虽然神经科学中的很多研究不容易被理解和传播，但仍然有不少诺贝尔奖得主凭借其杰出的科学贡献和强大的人格魅力，让我们熟知。例如，因提出神经元学说而称为"现代神经科学之父"的卡哈尔（Cajal）、提出大脑不对称性左右脑分工理论的斯佩里（Sperry）等。从脑科学领域获得诺贝尔奖的情况看，人类对于探索大脑的热情和积极性是很高的。

我们为何能感知这个五彩缤纷的世界？我们为何有喜怒哀乐等各种情绪？我们为何能思维，有意识？所有这一切都是因为我们有一个无与伦比的大脑。认识大脑，了解其工作原理和机制，构成了自然科学中发展极其迅速的一个分支——神经科学（脑科学）的基本内涵。

---

① 新浪科技. 诺贝尔奖得主夫妇另一面：不同躯体的一个大脑［EB/OL］. http：// tech. sina. com. cn/d/2014 - 10 - 06/19539669074. shtml，2014.

脑是一个极复杂的系统，它由上千亿个神经细胞（神经元）组成，而这些细胞又通过百万亿个特殊的连接点成群地聚集在一起，形成众多的神经网络，这是脑产生各项功能的基本单元，由此产生了感知、运动控制、学习记忆、情绪表达等各种功能。这些神经网络之间有千丝万缕的联系，由此涌现出认知、思维、推理、归纳等各种更复杂的功能。这些网络的特性和彼此间的联系，随着神经系统的发育不断发生变化，甚至在神经系统发育成熟后，其特性还可进一步被内外环境的各种因素所修饰、调制。面对这样一个庞大无比、极其复杂又不断变化的系统，想彻底了解脑的基本科学原理，其艰巨性可想而知。

因此，在科学界，探索脑的奥秘通常被认为是人类认识自然的最后疆域。现代脑科学的奠基人之一，西班牙科学家卡哈尔曾说："只要大脑的奥秘尚未大白于天下，宇宙将仍是一个谜。"这实际上是希腊特尔斐（DelPhi）岛上阿波罗神庙入口处的铭文"认识自身"的思想的延伸。[1]

经过数千年的研究和发展，到 21 世纪，一个具有无限生命力的神经科学形成了，它包括许多相关学科，如神经生理学、神经解剖学、神经组织学与组织化学、神经超显微结构学、神经化学、神经免疫学、神经病学、精神病学、脑肿瘤学、脑诊断学以及神经行为学和生理心理学等。神经科学已成为当代科学发展中最前沿的学科，新技术和新发现层出不穷，日新月异。随着新技术，特别是计算机、信息学、人工智能和互联网的出现，21 世纪脑科学研究正在产生新的研究浪潮。

互为镜像的互联网与大脑功能结构

当阳光或灯光照射到人身上，然后被反射到平面镜的镜面中，平

---

① 杨雄里. 对脑科学发展态势和前景的思考 [J]. 科学中国人，2014.

面镜又将光反射到人的眼睛里，我们就看到了自己在平面镜中的虚像，这就是镜像的来源。一个简单的应用就是，我们可以通过照镜子检查自己的衣冠是否整齐。无论在物理学还是生物学中，镜像都是一个非常重要的研究对象。

仿生学是人类工具与生物之间的一种镜像应用，也是大家最为熟悉的一种对比研究方法。从古代开始，人们就发现这是大自然送给人类的宝藏，于是向大自然中的生命学习，为人类的发明创造服务，从而形成了一门新的学科——仿生学。

一个著名的仿生学案例是关于解决飞机的飞行缺陷的。在飞机诞生后的30年里，人类发现当飞机飞行时，机翼会产生有害的颤振，飞行越快，机翼的颤振越强烈，甚至使机翼折断，造成飞机坠落，许多试飞的飞行员因此而丧生。

飞机设计师为此花费了巨大的精力来研究如何消除有害的颤振现象。后来，科学家在研究昆虫如何解决这个飞行问题时发现，蜻蜓每个翅膀前缘的上方都有一块深色的角质加厚区——翼眼（翅痣）。如果把蜻蜓的翼眼去掉，其飞行时就会荡来荡去。实验证明，正是翼眼的角质组织消除了蜻蜓飞行时翅膀颤振的危害。由此，飞机设计师在机翼前缘的远端安放一个加重装置，这样就把有害的颤振消除了。[①]

除了仿生学，很多人可能没有听说过逆仿生学，它由20世纪后期美国生物学家卡拉汉（Callaghan）教授提出。他认为仔细研究人们已经设计制造出来的东西，就有可能解开某些生物的自然之谜。从算盘到电脑，从汽车到飞船，人类的许多发明和设计并不是直接对某种自然现象进行模仿，而是遵循了一定的自然规律。同时，生物的许

① 王怡达，郭岩，闻有禄. 仿生学在飞行器设计上的应用及意义［J］. 飞机设计，2016.

多高超技能也并不是超自然诞生的，它们同样遵循了自然规律。两者的相似，是自然规律发生作用的结果，可谓殊途同归。[①]

他认为应先仔细分析人类的制造技术，再详细观察自然界的生物是否用过类似的技术，并将这两方面联系起来，通过实验手段，对假说进行验证。在针对昆虫的趋光性机制进行研究时，卡拉汉教授从逆仿生学的角度提出了生物天线假说，认为昆虫趋光是由求偶行为所致，即昆虫的触角有各种各样的突起、凹陷或螺纹，这些结构类似于现代使用的天线装置，使昆虫的触角可以感受信息素分子的振动从而被吸引，灯光中的远红外线光谱与信息素分子的振动谱线一致，昆虫的触角可以感受该信息，从而表现为趋光。由此可见，逆仿生学对于研究生命源泉，解开自然之谜是一把得力钥匙。

卡拉汉的逆仿生学同样适用于人类大脑结构与功能的研究。作为一个不断发育的类脑智能巨系统，互联网的研究从脑科学那里获得了大量提示。几乎在 2007 年发现互联网类似人脑的同时，笔者团队很自然地联想到，脑科学的研究有没有可能与互联网成镜像关系。也就是说，人脑的结构会不会反过来也高度类似于互联网，会不会也存在路由系统、搜索引擎、IPv4/IPv6 地址编码系统、维基百科、脸书社交网络等。

大脑的进化已经经历了数亿年，虽然其进化速度异常缓慢但发育非常完整，由于人类大脑较小，活体观察非常困难，但经过数千年的研究，人类对大脑的宏观和微观结构已基本了解，只是在大脑形成意识、智能和情感的原因和对应结构上尚不明确。

互联网在过去 50 年里高速发展，功能和结构变化异常复杂，但

---

① 佚名. 逆仿生学的提出. 湖北教育（科学课），1997.

互联网的架构非常庞大，每一个零件都由人类构建，因此无论从宏观上还是微观上看，人类对互联网的细节都了如指掌。

从人类大脑和互联网大脑的特征看，我们可以得出这样的结论：互联网大脑和人类大脑在科学研究上非常互补，我们有可能通过已经了解的人类大脑结构预测互联网下一步的发展动向。同时也可以用已知的互联网关键特征为解开人类大脑的秘密提供支持。互联网大脑与生物大脑的特征对比如表8.1所示。

表8.1　互联网大脑与生物大脑的特征对比

	互联网大脑	生物大脑
进化时间	50年左右（1969—2019年）	数亿年
进化速度	异常快速	异常缓慢
发育程度	萌芽和早期	相当完整、成熟
观察尺度	非常庞大，观察方便	精密，活体难观察
了解程度	非常熟悉	部分了解，深层次不了解

在数千年人类对大脑进行探索的道路上，这是第一次有了参照物可以和大脑进行对比研究。如果这个猜想成立，那么通过比较互联网大脑和人类大脑的结构，就可能为解开大脑之谜找到一把奇特而有效的钥匙。

2010年，我们根据这一启发，提出人类大脑中11个可能的类互联网结构，包括类SNS功能、类搜索引擎功能、类路由功能、类IP地址功能、类维基百科功能等。

此后，世界范围内的科学发现，不断验证着这一猜想。这些科学发现包括美国南加州大学科学家发现的老鼠大脑中的类路由机制，笔者团队在中国科学院大学进行的人脑类搜索引擎试验，瑞士巴塞尔大学的研究人员发现的大脑中类社交网络机制等。下面，我们就对这些研究进行详细的介绍。

大脑中类思科和华为的路由系统机制

互联网的诞生是应对核战争的一种防范措施，当网络的一部分被核打击彻底破坏时，数据能够在其他尚未被破坏的节点的帮助下，绕过被破坏的部分到达目的地，这些提供帮助的节点就是路由器－互联网最重要的组成部分。

1984 年有两个重要的事件发生，一是互联网所有设备的通用语言 TCP/IP 协议被美国国防部确定为网络连接的标准。二是思科公司在美国成立。这两个事件被认为是互联网时代真正到来的标志。

因为互联网中存在大量路由器进行信息传输，因此互联网出现一个在它诞生之初就被期待的特性，当局部的网络出现故障无法进行通信时，数据包或信息流可以通过互联网中的其他路经绕行，从起点传达给终点。

2010 年，美国南加州大学神经系统科学家拉里·斯旺森（Larry Swanson）和理查德·汤普森（Richard Thompson）发现，老鼠大脑中有类似互联网的路由机制，就好像大脑中也存在思科和华为这样的路由器公司来提供服务一样，这对大脑神经系统分等级结构的传统理论提出了挑战。

斯旺森和汤普森将老鼠大脑中与愉悦和奖励相关的伏核区进行隔离，在同一点同时注入两枚示踪剂，分别用于显示信号去向和来源。示踪剂跟随信号移动，但不会干扰信号移动，能发光，可在显微镜下观察到。他们发现，信号在一个个圈组成的网络中移动，这个网络不是一个有上下之分的等级架构。

斯旺森和汤普森花费 8 年多的时间完善这次研究所用的示踪方法。其他示踪方法大多只能在一个位置跟踪一个方向上的一个信号。"我们可以在一个动物身上同时观察一个大脑回路中的 4 个连接。"

斯旺森说。学术界普有人假设过大脑中的神经系统类似互联网结构，但先前没有实验证实过这种假设。美国南加州大学的这项研究报告发表在《美国国家科学院学报》（*Proceedings of the National Academy of Sciences*）上。

神经学研究领域的专家先前认为，大脑中的神经系统好像一个等级森严的大企业，可以绘成一个从中枢部门分叉到下面一个个小部门的直线联系图。

斯旺森和汤普森认为："从上到下理论在已有实验神经科学文献中占有惊人的统治地位，这一理论可上溯至19世纪。大脑中互联网式结构的存在可以解释大脑能克服局部损伤的现象，你可以拿掉互联网中的任何一个单独部分，但网络的其他部分照常工作，神经系统同样如此，不能说某一部分绝对不可或缺。"

这一研究报告中提到，眼下至少在老鼠的大脑伏核中发现不同于以往认为的神经系统结构，今后可以用这次研究中使用的示踪法观察其他部位，最终绘出整个大脑神经网络图。虽然这是一个无比复杂的工作，目前不能确定这个图将对解答意识和认知方面的难题产生何种影响。不过，就像人类基因组项目，人们相信找出人类脱氧核糖核酸（DNA）完整序列是研究生物学的一块基石，无论花费多长时间都要完成这项工作。

大脑中类谷歌和百度的搜索引擎机制

当我们走在马路上时，无论有多么热闹，我们都能迅速从熙熙攘攘的人群中认出自己的朋友，并热情地上前打招呼，为什么我们会拥有这样的能力？仔细分析一下整个过程，也许有助于解答这个疑问。首先，我们会记住朋友的相貌，并把它存在自己的大脑中，然后当我们走在马路上时，大脑通过眼睛不停地扫描过往人群的形象。当扫描到朋友时，我们的大脑会将其面部图像与保存在记忆里的图像对比，并得出结论，这是朋友，然后我们才会热情地上前打招呼。

同样的例子还有很多，比如在很多案件的侦破过程中，受害人需要到公安机关指认犯罪嫌疑人，公安机关将犯罪嫌疑人与其他不相关的人员安置在一间屋内，受害人通过大玻璃进行观察，如果发现有人和自己记忆中的犯罪嫌疑人形象吻合，记下其编号并告知公安人员。

那些经常使用谷歌和百度的人也许会联想到，人类发现朋友和寻找罪犯的过程与搜索引擎的原理非常相似。20 世纪 90 年代，当伯纳斯·李发明万维网，并将其分享给世界后，人类的知识在万维网中像发生核爆炸一样急速扩展，万维网在此后的 30 年里成为人类可以自由遨游的知识海洋。从互联网大脑模型的角度看，万维网的知识海洋就相当于互联网大脑的记忆系统，面对如此海量的信息，人类如何在互联网大脑的记忆系统中找到自己需要的资料呢？搜索引擎正是为满足这个需求而诞生的。

搜索引擎的原理是非常复杂的，但通俗地说，无论是谷歌还是百度，它们都是通过收集万维网上几十亿甚至上百亿个网页并对网页中的每一个关键词进行索引，从而建立索引数据库的全文搜索引擎。当用户查找某个关键词时，包含该关键词的网页将作为搜索结果被检索出来。

搜索引擎是互联网最重要和最稳定的一个应用，人类的大脑中是否也包含搜索引擎机制呢？2010 年 3 月 24 日，笔者团队在中国科学院研究生院的互联网公开课上完成人脑中是否存在搜索引擎的实验测试。在这次课上，笔者团队向来自各院所的近 50 名硕士研究生介绍互联网进化理论并完成测试。

百度和谷歌等类型的搜索引擎的工作原理是：

第一，每个搜索引擎用网页抓取程序网络蜘蛛（spider）连续抓取互联网中的网页内容。

第二，搜索引擎抓取到网页内容后，提取关键词，建立索引文件。

第三，用户输入关键词进行检索，搜索引擎找到匹配该关键词的网页。

根据这一搜索原理，我们设计的实验方案如下：

第一，使用 PPT 向参与测试的人员展示 5 个词汇，分别为新浪、搜狐、网易、凤凰网、新华网。

第二，展示时间为 3 分钟，供测试人员查看和记忆。

第三，向测试人员提问，分别询问 8 个词汇是否在刚才的 PPT 中出现并请其在问卷中做标记，这 8 个词汇分别是：阿里巴巴、盛大、搜狐、新浪、开心网、凤凰网、腾讯、网易。经测试，测试人员回答正确率为 98%。

然后，我们在科学网的博客上开始搜索引擎的实验。

第一，同样在该网页内放置新浪、搜狐、网易、凤凰网、新华网，附加字符串"% redft098&876hfgt65%"表明该页面在互联网中是独一无二的。

第二，发布 30 分钟后，百度和谷歌的网络蜘蛛查看该页面并收录到其数据库中。

第三，向百度和谷歌两个搜索引擎提问（输入关键词），分别查询 8 个词汇是否在刚才的网页中出现并做记录，这 8 个词汇分别是：阿里巴巴、盛大、搜狐、新浪、开心网、凤凰网、腾讯、网易。经测试，百度和谷歌回答正确率为 100%。这一实验结果于 2010 年 3 月发布在科学院官方网站。

大脑中类腾讯和脸书的社交网络特征

社交网络是互联网非常重要的一种应用，建立了人与人之间的社交关系。在世界范围内至少有 4 个重量级社交网络产品，分别是脸书、QQ、微信和推特，到 2017 年年底，其用户数分别超过 20 亿、10 亿（QQ 和微信）、6 亿，几乎涵盖世界范围内近半数的人口。

人类通过社交账号交流信息、抒发情感、解答别人的疑问、共享新的知识，有共同兴趣和爱好的人在社交网络上相互关注，或者建立社区，聚合更多志同道合的互联网用户探讨共同关心的问题。

2015 年 2 月，英国伦敦大学学院和瑞士巴塞尔大学的研究人员发现，脑中的神经元放电就像一个社交网络，每个神经元都与其他许多神经元建立连接，但最强的连接只存在于少数最相似的神经元之间。相关论文发表在 2015 年最新一期的《自然》杂志上。

神经元形成的网状连接，称为突触，每个细胞与其他上千个细胞相连。但并非所有突触连接都一样，绝大多数连接很脆弱，连接密切的只有少数。该研究组组长、巴塞尔大学和伦敦大学学院的教授托马斯·马西克·弗罗杰（Thomas Marcik Froger）说："我们想知道，在那些包含数百万神经元的复杂网络中，是否有某种法则能解释它们的行为。我们发现其中的一个法则相当简单，'志同道合'的神经元之间是强连接，行为不同的神经元之间是弱连接或根本没有连接。"

研究组集中研究了大脑皮层的视觉区，即从眼睛接收信息并引起视觉认知的脑区。这里的神经元会对特殊的视觉图案起反应，但要把它们的突触连接区分开非常困难，因为每个细胞都和几千个"同伴"紧密纠缠在一起，每立方毫米就有近 10 万个。

研究人员将高分辨率成像和高灵敏电学检测方法结合在一起发现，相邻神经元之间的连接就像一种社交网络。连接点就像脸书，让我们和其他许多熟人相互交往，但大部分人还有个更小的密友圈。这里的朋友基本都是共同的，他们的意见对我们来说也比其他人更重要。①

"脑中弱连接的神经元之间的影响很小。"马西克·弗罗杰说，"功能类似的神经元之间形成小部分强连接，却能对'伙伴们'产生最强的影响。这有助于它们共同合作，放大来自外界的特定信息。"

但神经元为什么要建立大量的弱连接呢？论文第一作者李·克塞尔（Lee Kessel）说："我们认为这可能与学习有关。如果神经元需要改变行为，相应位置的连接就会加强，这或许是为了确保大脑的可塑性。"这样它就能迅速适应环境的变化。

大脑中的类维基百科机制

当我们看《终结者》电影时，会知道里面的未来机器人杀手是由美国著名动作影星施瓦辛格扮演的；当我们看《铁血战士》（The Predator）时，会发现那个勇敢的军队战士是由施瓦辛格扮演的；当我们看《真实的谎言》（True Lies）时，依然能够认出里面无所不能的特工是由施瓦辛格扮演的。

在现实生活中，我们的朋友、同事或者家人每天的形象都在发生改变，如头发修剪了、衣服从黑色变成白色、裤子从西裤换成牛仔裤、皮鞋换成了运动鞋等。但是，无论装扮如何改变，我们的大脑都能把他们识别出来，就像不同的爱因斯坦照片，我们一眼就可以认出他们指向了同一个人——爱因斯坦，我们不但能在脑海里记住朋友或

---

① 网易新闻. 神经元连接如同社交网络 [EB/OL]. http：//discovery. 163. com/15/0209/ 12/AI0SEVV9000125LI. html，2015.

亲人最初的相貌特征，还能不断根据场景修改对他们的印象，所有这些例子体现出的大脑记忆特点，恰恰就是维基百科的工作方式。

维基百科是一个自由、免费、内容开放的互联网百科全书协作计划，参与者来自世界各地。任何人都可以编辑维基百科中的任何文章及条目。维基百科目前是全球互联网上最大且最受大众欢迎的参考工具，为全球十大最受欢迎的网站之一。维基百科由非营利组织维基媒体基金会负责营运。

维基百科最早是由吉米·威尔士（Jimmy Wales）与拉里·桑格（Larry Sanger）于 2001 年 1 月 13 日在互联网上推出的服务网站，并于 1 月 15 日正式展开网络百科全书计划。

在创立之初，维基百科的目标是向全人类提供自由的百科全书，并希望各地民众能够使用自己选择的语言来参与条目编辑。其他书面印刷的百科全书多由专家主导编辑，之后再由出版商印刷并销售。维基百科属于可自由访问和编辑的全球知识体，这意味着除传统百科全书所收录的信息外，维基百科也能够收录非学术但仍具有一定媒体关注度的动态事件。[①]

维基百科的工作原理和工作流程是这样的，用户 A 创建词条"爱因斯坦"，并撰写爱因斯坦的生平介绍，形成版本 1。用户 B 看到词条"爱因斯坦"和它的说明文字，认为解释不完整，很多爱因斯坦的学术贡献没有被列上，于是用户 B 在用户 A 文字的基础上进行修改，形成版本 2，其后不断有用户进行修改，词条"爱因斯坦"的版本号将不断增加。

在修改的过程中，如果一个用户发现最新版本的整体质量不如前面的版本，则他可以将前面的版本置为最新版本。虽然因国家、信

---

① 赵飞，周涛，张良. 维基百科研究综述［J］. 电子科技大学学报，2010.

仰、情绪、知识范围的不同，会产生修改意见方面的争执，但总体上看，维基百科的工作流程仍会使各词条的质量不断提高。

根据维基百科的工作原理，我们可以在神经心理学层面设计如下实验。志愿者 A 和志愿者 B 最初共同处于一个实验室内，要求参与志愿者 A 观察志愿者 B 衣服的颜色，然后志愿者 B 离开房间，志愿者 A 记录 B 衣服的颜色，B 更换不同颜色的衣服进入实验室，重复上述过程 5 次，在 5 次实验结束后，收回志愿者 A 填写的记录表，更换同样内容的新表，请志愿者 A 回忆志愿者 B 从第一次到最后一次穿的衣服的颜色并按顺序重新记录。

如果志愿者 A 能够完成上述过程并正确记录志愿者 B 不断更新的衣服颜色，则说明志愿者 A 根据一个物体的变化，不断更新该物体属性的说明和记录，并保留原有属性的记录，而这恰恰是维基百科的运行原理。

互联网神经学：脑科学、人工智能与互联网的结合

在 21 世纪，世界各国的科学家和政府机构开始把攻克大脑之谜作为科学探索的主攻方向。2005 年，瑞士洛桑理工学院的科学家亨利·马卡兰（Henry Makaran）提出蓝脑计划，希望在 2015 年制造出"人造大脑"，以达到治疗阿尔茨海默病和帕金森病的目的。他的想法是"拆除之后再重建"哺乳动物的大脑，计划分为几个阶段：2008 年先用啮齿动物做实验，2011 年后将试图组装一个猫的大脑，在 2015 年正式组装人类大脑之前可能还会先制造猕猴的大脑。[①]

2013 年，欧盟委员会宣布将人脑工程列入未来新兴技术旗舰计

---

① 骆清铭. 需求导向，基础领先，技术取胜［J］. 中国科学：生命科学，2016.

划，力图集合多方力量，为基于信息通信技术的新型脑研究模式奠定基础，加速脑科学研究成果的转化。该计划被认为是目前世界最先进的脑科学大型研究计划，由瑞士洛桑理工学院统筹协调，由欧盟 130 家相关科研机构组成，预算为 12 亿欧元，预期研究期限为 10 年，旨在深入研究和理解人类大脑的运作机理，在大量科研数据和知识积累的基础上，开发出新的前沿医学和信息技术。该计划首先利用 30 个月的时间，建设涉及神经信息学、大脑模拟、高性能计算、医学信息学、神经形态计算和神经机器人的 6 个大型试验与科研基础设施。这些设施将对全球科技人员开放，邀请世界顶尖科学家参与研究。

2013 年 4 月，美国宣布启动脑计划。2014 年 6 月，美国国立卫生研究院发布脑计划路线图，详细阐述了脑计划的研究目标、重点领域、实施方案、具体成果、时间与经费预算等，提出将重点资助 9 个大脑研究领域：统计大脑细胞类型，建立大脑结构图，开发大规模神经网络记录技术，开发操作神经回路的工具，了解神经细胞与个体行为之间的联系，整合神经科学实验与理论、模型、统计学等，描述人类大脑成像技术的机制，为科学研究建立收集人类数据的机制，知识传播与培训。[①]

2005 年启动的蓝脑计划，虽然发起人马克莱姆（Markram）教授认为建造仿人脑模型有助于我们更深层地了解大脑是如何工作的，但是其他神经学家有异议，他们认为此模型与更简单、抽象的神经回路模拟相比，没什么更大的用处，要说有什么区别，只不过前者占用了大量宝贵的运算和超算资源。

欧洲人脑计划受到的质疑更大。2014 年，200 多名神经学领域的

---

① 刘润生. 美国政府宣布启动人脑计划 [J].科学中国人，2013.

科学家宣称将要抵制欧盟的人脑计划，声称这个耗资 12 亿欧元的大型计划没有得到妥善的管理，因此无法达成其模拟人脑内部运作的宏伟目标。伦敦大学学院计算神经科学部门的主任彼得·达扬（Peter Dayan）认为，构建更大规模的大脑模拟的目标显然是不成熟的。"这是在浪费金钱，它会吸干宝贵的神经科学研究经费，并让资助这项研究的公众失望"。①

互联网与脑科学的结合研究有可能为上述问题找到解决方案，互联网作为难得的参考系，有可能为脑科学提供突破性支撑。在这种情况下，我们并不需要通过组合亿万个硅基神经元模拟人脑，而且仅仅堆积芯片不能得到与人类大脑一样的智能。从科技发展史来看，一个原本异常复杂的难题，在科技发展到足够程度后，也许会出现一个异常简单的解。

"这是因为缺少一个脑科学的统一框架。"美国哥伦比亚大学神经学家拉斐尔·尤斯特（Raphael Yost）说，"科学家现在只能研究其中的个体或小部分，就像是通过一个像素来理解一个电视节目一样。这些连接之间的每一层都有各自的运作法则。但是，关于这些运作法则，我们目前几乎一无所知。"②

没有参照物，我们就无法通过像素了解整个画面，但如果互联网与脑科学的交叉研究为我们另外提供了一个高度类似的模型（虽然它还在变动中），那么我们很容易知道这个像素在图像中的位置和起到的作用。如图 8.1 所示，假设 A 图代表人类大脑全景图，B 图代表

---

① Economist. cautionary tale about promises modern brain science testing methods. http：//www. economist. com/news/science-and-technology/21714978-cautionary-tale-about-promises-modern-brain-science-testing-methods，2017.

② 同上。

基于客观原因人类能观察到的大脑功能结构，C 图代表互联网的结构，那么通过研究和观察 C，人类就可以从 B 推导出 A 的全貌。

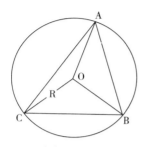 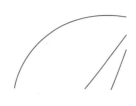 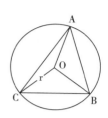

A.人类大脑全景图　　　B.人类能观察到的大脑功能结构　　　C.互联网的结构

图 8.1　用互联网解析人脑功能

每一次人类社会的重大技术变革都会导致新领域的科学革命，大航海使人类看到了生物的多样性和孤立生态系统对生物的影响。无论是达尔文还是华莱士（Wallace），都是跟随远航的船队才发现生物的进化现象的。

大工业革命使人类在力量的使用和观察能力上获得极大的提高，为此后 100 年开始的物理学大突破，奠定了技术基础。这些突破包括牛顿的万有引力、爱因斯坦的相对论和众多科学家创建的量子力学大厦，这些突破都与力和观测有关。

互联网革命对于人类的影响已经远远超过了大工业革命。与大工业革命增强人类的力量和视野不同，互联网极大地增强了人类的智能，丰富了人类的知识，而智能和知识恰恰与大脑的关系最为密切。

从技术进步导致科学突破的角度看，21 世纪互联网带来的科学突破即将发生在脑科学领域。也就是说，破解大脑奥秘的钥匙在互联网上，但从欧美脑计划的制定看，互联网这个因素并没有得到足够的重视。

过去 10 年的科学研究发现，互联网与脑科学这两个原本距离遥远的领域之间的关系远比想象的要深入和密切，以互联网、人工智能、脑科学为基础，可以形成一个新的学科——互联网神经学，目标是通过脑科学预测互联网和人工智能未来的发展趋势，同时也以互联网作为镜像，为揭开大脑之谜建立一条新的科学路径。

互联网神经学可以这样定义：基于神经学的研究成果，将互联网的硬件结构、软件系统、数据与信息、商业应用有机地整合起来，从而构建互联网完整的架构体系，并预测互联网沿着神经学路径可能产生的新功能和新架构；同时根据互联网不断产生和稳定下来的功能结构，提出研究设想，分析人类大脑产生意识、思想、智能、认知的生物学基础。研究互联网和人类大脑结构如何相互影响、相互塑造、相互结合、相互促进的双巨系统交叉关系的新科学领域就称为互联网神经学。

如果将脑科学和互联网作为横坐标的两端，生理学和心理学作为纵坐标的两端，那么互联网神经学将由四部分组成：互联网神经生理学、互联网神经心理学、大脑互联网生理学、大脑互联网心理学，它们之间的交叉部分将形成第五个组成部分——互联网认知科学，如图8.2所示。

互联网神经生理学重点研究基于神经学的互联网基础功能和架构，包括但不限于互联网大脑的中枢神经系统、互联网大脑的感觉神经系统、互联网大脑的运动神经系统、互联网大脑的自主神经系统、互联网大脑的神经反射弧，基于深度学习的机器学习算法，运用互联网大数据进行图像、声音、视频识别等互联网人工智能处理机制。

互联网神经心理学重点研究互联网在向成熟脑结构进化的过程中，产生的类似神经心理学的互联网现象，包括但不限于互联网群体智能的产生问题，互联网的情绪问题，互联网梦境的产生和特点，互联网的智商问题等。

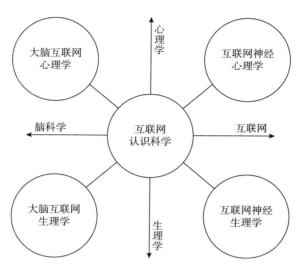

图8.2 互联网神经学的不同学科组成

　　大脑互联网生理学重点研究大脑中存在的类似于互联网功能结构的部分，使不断发展的互联网成为破解大脑生物学原理的参照系，包括但不限于大脑中的类搜索引擎机制、类互联网路由机制、类 IPv4/IPv6 机制、大脑神经元类社交网络的交互机制、人类使用互联网对大脑生理学结构的重塑影响等。

　　大脑互联网心理学重点研究互联网对人类大脑在心理学层面的影响和重塑，包括但不限于互联网使用者产生的网瘾问题、互联网对使用者智商的影响问题、互联网对使用者情绪和社交关系的影响问题等。

　　互联网认知科学可看作互联网神经生理学、互联网神经心理学、大脑互联网生理学、大脑互联网心理学的交叉组合，其重点研究互联网和大脑两个巨系统因相互影响、相互塑造、相互结合、互助进化而产生智慧、认知、情绪的原理。

第九章 ‖ 进化启示录：从生命起源到智慧宇宙

导读：关于生命的进化是否有方向，学术界一直存在巨大的争议。英国的达尔文和华莱士为一派，认为进化没有方向和等级之分；法国的拉马克（Lamarch）和德日进为另一派，认为进化有方向和高低之分。自 21 世纪以来，互联网大脑的发育、生物大脑的进化、人工智能等级划分等的研究提醒我们，以种群知识库（*PKB*）为代表的生物进化具有明确的进化特征，全知全能的超级智能将是所有生命进化的终点。

生命进化有无方向之争：英国与法国两大阵营的对抗

在火车站，一个扳道工正走向自己的岗位，为一列驶来的火车扳动道岔。这时在铁轨的另一头，还有一列火车从相反的方向驶进车站。假如他不及时扳动道岔，两列火车必定会相撞，进而造成重大人员伤亡。

这时，他无意中回过头巡视，发现自己的儿子正在铁轨那一端玩要，而那列开始进站的火车就行驶在这条铁轨上。是抢救儿子，还是扳动道岔避免一场重大事故？这就是著名的"扳道工"难题。

同样的难题也发生在泰坦尼克号上，泰坦尼克号是一艘奥林匹克级邮轮，于1912年4月处女航时因撞上冰山而沉没。船上1 500多人丧生。在逃生的过程中，哪个群体应该获得生命优先权，成为人们面临的重要问题。美国新泽西州州立大学教授、著名社会学家戴维·波普诺（David Popenoe）在他的《社会学》（Sociology）一书中这样写道："……遗憾的是，救生船不够。尽管很多人遇难，但乘客大体遵守了'优先救助妇女儿童'的社会规范。这使英国公众和政府在面对这一巨大灾难时，可以找到一些安慰。"

在著名的灾难电影《2012》中，由于地球上发生了重大的地震和海啸，只能少部分人类能够登上"诺亚方舟"。当空军一号只能再容纳一人登机时，美国总统让物理科学家乘坐空军一号前往"诺亚方舟"而自己留下，他说："一个科学家比几十位官员更重要。"是什么原因让他说出这句话，并让大众感动和认同呢？

2017年，波士顿动力机器人在搬动箱子时，受到测试科学家的攻击，因站立不稳而摔倒，互联网上的视频观众提出抗议，认为这侵犯了机器人的权利，并引发了科学界对机器人有没有权利的激烈争论。而在这之前，2006年，英国政府发表一份报告预言未来的一场重大转变，称机器人将来会自我复制、自我提高，甚至会要求权利。受这份报告影响，2008年1月，英国皇家医学会专门召开研讨会，讨论"机器人与权利"的问题。2011年，《工程与技术杂志》（Engineering and Technology Magazine）就机器人是否应该拥有权利展开讨论。

上面4个例子中涉及的问题，都指向一个核心问题：生命的进化有没有方向，谁更能代表未来？

　　这个核心问题在科学和哲学领域一直存在巨大争议，如果以生命进化是否有方向进行划分，一个有趣的现象是，英国和法国代表了对立的两个阵营，英国的代表是达尔文和华莱士，法国的代表是拉马克和德日进。

　　英国科学家达尔文和华莱士的观点是，生命进化没有方向，也不存在高低等级之分。而法国科学家拉马克和德日进认为，生物进化是沿着从低级到高级，从简单到复杂的方向进化，德日进甚至提出"上帝"其实是人类进化的终极目标。

　　从目前科学的主流观点看，以达尔文为代表的英国一派更被认同和接受。达尔文一派坚持进化没有方向，物种身处不断变化的自然环境中，向哪个方向变都是可以的，只要能够生存，只要能够适应，退化也是进化。所以，蛔虫与猎豹都是完美的，寄生和共生都是正常的。因此，进化并不必然导致更高级结构和组织的出现，生物只不过是在努力适应它们所生存的环境。

　　但问题是，如果没有一致的进化方向，我们如何预知人类的共同未来，如何判断人工智能与人类之间竞赛的输赢。只有当人类、动物、AI、机器人有相同或相似的进化方向，才能把他们放在一个维度上进行比较，才能判断在不同的紧急条件下，哪个群体需要受到优先保护。

　　19 世纪中叶，英国科学家达尔文和华莱士创立了科学的生物进化学说，以自然选择为核心的达尔文进化论作为人类科学史上最伟大的理论之一，统一了生物学的各个学科。达尔文进化论的影响不仅局限在生物学领域，也提供了一种全新的世界观、生命观、宇宙观和方法论，对几乎所有的科学和人文领域产生影响，人工智能的伦理问题最终也会受达尔文进化论的影响。

　　达尔文把生物进化过程设想成一棵不断生长、分支的大树，现存的所有生物都位于这棵树的某个小分支的顶端，如图9.1所示，进化树不存在一个以人类为顶端的主干，人类只是进化树上一个普普通通的分支。从达尔文进化论的角度看，生物的进化没有确定的方向，人并不比老鼠、蚂蚁更高级，人类并不能代表生物的发展方向。

图9.1　达尔文生物进化树

在《物种起源》（*The Origin of Species*）一书中，达尔文用赞叹的语气写下这样的话："生命是极其伟大的。最初，生命的力量只赋予生命一种或寥寥几种形式。当这个星球按照一成不变的重力法则周而复始地运动时，在如此简单的开端之中，却迸发出了无穷无尽的不同生命形式，而且大都美丽而精彩。所有这些生命形式都经由演化而来，并且仍将继续演化下去。"

　　达尔文的进化论排斥了目的论，达尔文主张变异是随机的，用比"上帝"一点也不逊色的"自然"一词来解释其所精心构建的进化理论的核心。但是，达尔文也有其困惑和无奈，他感叹道："这广阔无垠、奇妙无比的宇宙……竟然是盲目的机遇或必然的产物，为此我感到非常难以甚至无法理解。"①

　　达尔文进化论的研究者认为，"进化"这个词也是不准确的，应该用演化来代替，以突出生物发展的无目的性和无方向性，持有这个观点的科学家认为：进化没有目的。就一个物种来说，能够繁衍生息就是成功，可这一成功只是大自然筛选的结果。因此，进化并不是为了进步而发生的，只是变化着的环境在生命世界的反映，没有终点。

　　德国著名生物学家恩斯特·迈尔（Ernest Mayr）说："现代的进化论者已经放弃了进化会最终产生完美的思想……人们常常把随时间的推移，从细菌到单细胞真核生物，最后再到有花植物和高等动物的逐渐变化称作进步……高等和低等并不是对价值的判断，高等只不过意味着出现于较近的地质时期，或者在种系发生树上位于较高的位置。但是位于种系发生树上较高位置的生物就意味着'更好'吗？还有人声称，进步体现在复杂程度更高，器官之间有进一步的分工，能更好地利用环境资源，更加适应环境等。在某种程度上这样说并没错，但是，哺乳动物或鸟类的骨骼并不比它们早期的鱼类祖先的骨骼更复杂。"

　　毫无疑问，达尔文进化论在今日是主流科学界的重要共识，应该说，这是经历过激烈批判和大量实证后形成的共识，恩斯特·迈尔这样评论道："在过去 140 年间的争论中，给我留下最深印象的就是，达尔文的基本范式有着旺盛的生命力。与达尔文进化论竞争的三种主

---

① 谢平. 生命的起源——进化理论之扬弃与革新［M］.北京：科学出版社，2014.

要理论——转型论、拉马克主义和直生论——在 1940 年遭到了明确的否定，在过去的 60 年间，再也没有可行的、试图取代达尔文进化论的理论被提出。"

但达尔文进化论并不是已经完全成熟、彻底稳定的科学理论，大部分进化生物学家认为，并不能彻底否认转型、获得性遗传以及直生现象的存在，现代进化论还停留于所谓"现代综合"的阶段，中性学说对进化论的贡献并未得到广泛的认同，而间断平衡假说也未超越达尔文进化论，最近的表观遗传研究提醒人们需重新审视拉马克主义。

拉马克是法国博物学家，生物学伟大的奠基人之一。19 世纪初期，拉马克继承和发展了前人关于生物在不断进化的思想，与英国达尔文和华莱士的观点不同，他大胆鲜明地提出生物是从低级向高级发展进化的。可以说，他第一个系统地提出了唯物主义的生物进化理论。

拉马克最重要的著作是 1809 年出版的《动物学哲学》（*The Philosophy of Zoology*）一书。拉马克把脊椎动物分为 4 个纲，即鱼类、爬虫类、鸟类和哺乳动物类，他把这看作动物从简单的单细胞机体过渡到人类的进化次序。

拉马克作为进化论的先驱者，在这本书里阐述了生物进化的观点。他认为：所有的生物都不是"上帝"创造的，而是进化来的，进化所需要的时间是极长的；复杂的生物由简单的生物进化而来，生物具有向上发展的本能趋向；物种为了适应环境而继续生存，一定要发生变异；家养可以使物种发生巨大变化，和野生祖先大不相同等。

拉马克肯定了环境对物种变化的影响。他提出了两个著名的原则：用进废退和获得性遗传。前者指经常使用的器官更发达，不用就会退化，比如长颈鹿的长脖子就是它经常吃高处树叶的结果。后者指后天获得的新性状有可能遗传下去，如脖子长的长颈鹿，其后代的脖子一般也长。

拉马克学说在科学界产生过重大影响，为以后生物进化论的发展奠定了基础。但是，由于当时生产水平和科学水平的限制，拉马克对进化原因的解释过于简单。"生物天生地具有向上发展的倾向"缺乏物质实证；"环境改变必然引起生物发生与之相适应的变异"也缺乏事实根据；"器官用进废退"在现代科学条件下成为可能，但这种后天获得的性状，如不影响到遗传物质，是无法遗传给后代的。①

著名的老鼠尾巴切割实验是反对拉马克主义的经典实验，20世纪初由德国动物学家魏斯曼（Weismann）进行，他连续切了22代老鼠的尾巴之后，发现第23代老鼠仍长出了尾巴，因此他否定了拉马克的获得性遗传。

20世纪中叶，人们成功地揭示了遗传的物质基础DNA，解释了个体变异的基因本质，也认识到生殖及物理化学因素对遗传变异的影响。"中心法则"的提出被认为是对获得性遗传的彻底否认，基因突变被认为是新物种创造的唯一途径，也从根本上否定了适应的遗传与进化意义。

但是，近年的表观遗传学研究似乎又在提醒人们，应该重新审视拉马克的进化理论。洞穴动物的眼睛是如何消失的呢？也许你可以认为这是突变的结果，因为突变可以在所有方向上发生——既可能向关闭眼睛的方向突变（或许因为某些基因的丢失），也可能向眼睛变大的方向突变，但是在黑暗之中，没有眼睛者可能更有优势，于是就生存下来了。从这个角度看，拉马克的观点又具有新的价值。

德日进是法国另外一位著名的进化论哲学家和生物学家，20世

---

① 李栋. 拉马克进化论探究 [J]. 重庆科技学院学报（社会科学版），2009.

纪初，法国巴黎天主教大学神父德日进因在课堂上宣传进化论被教会驱逐，来到中国和化石打交道。他是北京猿人的发现者之一，他对进化问题有着特殊的兴趣。

从考古发现出发，德日进大胆地提出了关于宇宙、生物、人类、精神逐层进化的观点。他认为世界是进化的，从物质到生命，再到人类和精神，最后将走向"上帝"状态的统一，即 Ω 点，又叫"上帝"之点。在某种意义上，宣扬生命向宇宙蔓延的《失控：机器社会与经济的新生物学》（*Out of Control：The New Biology of Machines，Social Systems，and Economic World*）作者凯文凯利（Kevin Kelly），预言奇点到来的库兹韦尔（Kurzweil）都可以看作德日进思想的继承者。

关于生命的起源，德日进认为："物质从外表看是静止的，其实里面却蕴含着动力。例如生物有其生命力，人有意识能力。即使在有生命之前，也不无生命，在有意识之前，也不无意识，只是不到一定程度，不为人们所发现而已。好比物体必须接近光速时，人们才觉察到其质量的变化，温度必须高达 500 摄氏度时，人们才觉察到其放射性。同样，物体在未达到 100 万或 50 万原子的复杂结构时，看起来是没有生命的，其实，它已蕴含着生命的种子。总之，在生命出现之前，必然有生命的种子，在意识出现之前，必然有意识的微粒，只是由于浓度不够，不为人们所觉察。"①

对于生命的未来，德日进认为："宇宙的历史就是一部进化的历史。进化本身并不是盲目的，而是一种不可逆的向上运动。没有正向演化，生命不能得到扩展；因为正向演化，生命有了不可战胜的升华运动。"

---

① 徐卫翔. 求索于理性与信仰之间——德日进的进化论［J］.同济大学学报（社会科学版），2008.

德日进不反对外部影响的作用，但认为物体的内在动力才是物体直向演化的主要动力。宇宙一直是依靠自己的内在力量而逐渐进化的，结构复杂与意识并进的规律就是直向演化的有力证据。

德日进是中国古地质和古生物学的奠基人之一，他提出的"亚洲干极"理论对其后的"高亚洲干旱核心"和以"地球第三级"青藏高原为中心的"寒旱干极"理论的形成有开拓性的影响。作为有哲学思想和世界眼光的科学家，德日进在他那个时代就开始用自己的语言思考生物圈、全球化、计算机革命、耗散结构、组织的复杂性、技术"座架"等当今很热门的问题了。

他熟悉当时科学的主要进展，在普里高津（Pligau）之前，他就反复思考宇宙熵增加的退化过程和生物、社会组织进化的负熵过程之间的矛盾，这种互逆过程的深刻本质到几十年后才被普利高津的"耗散结构理论"清晰地揭示出来。

他的思想深刻还体现在他已清楚地意识到人类染色体进化（现在叫基因进化）的达尔文进化意义上的缓慢性和人类社会文化进化的拉马克意义上的加速性之间存在尖锐矛盾，这种意识在当时只有哈耶克（Hayek）等少数思想家在更狭隘的社会政治经济领域涉及。他所揭示的这两种进化之间的紧张关系在今后将会以更强烈的方式震慑人类。

德日进最有价值、困扰和吸引他一生的是人类进化的条件、动力、方式和目的问题，他最终提出：人类是通过"合而创造"、"联通领圣"、集成、综合、统一、凝聚，由简单到复杂，由低级到高级，由组织结构松散到组织结构富集，由量多到量精，伴随着"意识"含量的逐渐提高，最终趋于一个终极目的的必然过程。[1]

---

[1]　徐钦琦，郭建崴.读《人的现象》——怀念先知德日进［J］.化石，2015.

他把这个人类进化的终极目标用最后一个希腊字母 Ω 来表示，叫作 Ω 点。至于到达 Ω 点之后会是什么样子，他借用约汉斯的观点，认为人类还有几百万年甚至几亿年的生存时间，具体描述已超出人的认知能力。

德日进在中国居住了 23 年，发表 140 篇论文，写了 17 部著作，他最重要的思想成果"智慧圈"和"人之现象"是在 1940 年前后中国抗战时期完成的。同许多有创新精神和思想超前的学者一样，他生前寂寞，身后显赫。德日进晚年入选法国科学院院士，生前被禁的书在其死后陆续出版，声誉日隆。德日进是联合国教科文组织多次在世界开会纪念的少数有国际影响的思想家之一。

大脑的进化方向：十亿年生物大脑发展历程

我们介绍了两个科学阵营关于生物进化方向问题的激烈争论，下面，我们将从脑的进化、人工智能等级划分和互联网大脑进化三个方面，为推导生命进化的方向和终点做准备。

数亿年来，生物为了适应环境的变化，遵循"物竞天择，适者生存"的原则，形成了不同种类的生命形态，长颈鹿的脖子更长，瞪羚羊跑得更快，老鹰的眼睛更犀利，但在大脑这个生物（动物）最重要的器官上，显示出明确的方向和发展水平的高低，从单细胞到人类，大脑越来越复杂，智能程度越来越高。从这个角度看，大脑的进化符合法国一派科学家关于生命进化方向和等级的判断。

诺贝尔奖获得者澳大利亚科学家约翰·C. 埃克尔斯（John C. Eccles）在其著作《脑的进化：自我意识的创生》（*The Evolution of the Brain：the Creation of Selfconsciousness*）中提道："生物的大脑是从鱼的大脑进化到爬行动物的大脑，再进化到哺乳动物的大脑，最后进化到人类的大脑。解剖人脑，我们可以清晰地看到类鱼、类爬行动物、类哺乳动物的结构在其中泾渭分明。"从鱼到人类的大脑进化如图 9.2 所示。

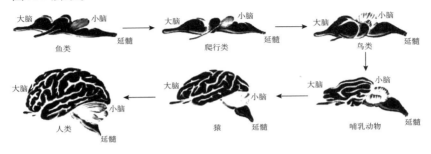

图9.2　从鱼到人类的大脑进化

人类为什么会在漫长的生物进化过程中拥有如此令人惊讶的大脑呢？这个问题实在令人难以回答，因为大脑不会形成化石。不过，借助当今最先进的技术，我们可以将生物大脑的进化历程大致准确地描绘出来。下面我们就从近 10 亿年的时间跨度看一下大脑的进化历程。①

8.5 亿年前，生物开始感知世界。人类大脑的进化简史要追溯到古海洋时代，远在最早的动物出现之前。当时在大海中沉浮的单细胞生物还没有大脑，但是它们已经有了能够感知和适应外界环境变化的能力。近年来的一些研究发现，领鞭毛虫等一些单细胞生物会释放和接收化学信号或者传递电信号。这种大约在 8.5 亿年前出现的领鞭毛虫被认为是动物的祖先。

随着多细胞动物慢慢进化，细胞之间开始有了感知和应答，这使它们能够协作。科学家发现，它们的进食活动总是伴随着神经化学递质在细胞间的传递。这些化学信号在我们的大脑中也扮演着类似的角

① 朱斌. 大脑进化历程——从 8.5 亿年前到 1 万年前 [J]. 决策与信息，2012.

色，它们是神经元之间传递信息的信使。

6亿年前，最原始的大脑出现了，一些细胞逐渐演变成具有传递信息功能的神经细胞，然后进一步演化出轴突，以远距离传递各种电信号。它们也通过在细胞突触释放化学物质向其他细胞快速传递信号，神经系统诞生了。

最早的神经元可能在无脊椎动物体内形成一个弥散的神经网络，现在的水母和海葵依然如此。大约在6亿年前，类似于大脑的神经核团出现在蠕虫类动物中，它们是现在绝大多数动物，包括脊椎动物、软体动物和昆虫的祖先。神经核团是原始的中央神经系统，能够处理各种信息而不仅仅是传递信息，这使动物能够对更复杂的外界环境做出反应。

5亿年前，鱼的大脑出现，有些动物发生了基因突变，导致基因组被复制加倍。事实上，这样的突变至少有过两次。这些突变为衍化出复杂的大脑埋下了伏笔，它提供了丰富的新基因片段，使大脑分化出不同的脑区来表达不同类型的神经递质，使大脑产生各种不同的功能。经过漫长的演化和发展，真正意义上的脑最终出现了。它出现在一条鱼或者别的水生生命体中。这就是人类大脑的雏形，也是动物大脑的初始。

2亿年前，生物的进化经历了从鱼到两栖动物再到爬行动物的阶段，相对于鱼脑、两栖动物脑，爬行动物脑的小脑和脊髓变得更为发达。在大约2亿年前，它们进化为最早的哺乳动物，大脑表层形成了一个较小的大脑皮层，从而拥有了复杂和多变的行为。这种至关重要的神经结构是怎样出现的，我们无法从化石中获得答案。唯一可以确定的是，哺乳动物的相对脑容量较大，因为它们要在恐龙统治的时代生存下来，这促进了神经系统的高速发展。

6 500万年前，大脑前额叶区域扩大。恐龙灭绝后，一些哺乳动物开始爬上树生活，它们成了灵长类动物的祖先。更好的视觉使它们能够追踪昆虫，这导致它们拥有更大的视觉皮层。和现代灵长类动物相似，它们可能也倾向于群居，这要求每一位成员有更强的脑功能。科学家认为这也许可以解释灵长类动物，尤其是猿前额叶区域的明显扩大。

这些变化都为哺乳动物拥有更强的整合与信息处理能力奠定了基础，并基于这些神经活动来控制它们的行为。这样的变化除了提高它们的整体智力以外，也导致抽象思维的出现。大脑处理的信息越多就越能够鉴别和搜索各种相关模式。

250万年前，大脑容量急剧增加。科学家推测，人类的脑容量是在近250万年间急剧增加的。科学家指出，当更聪明的原始人能够受益于他们的智能，并利用智能过上更舒适的生活后，这样的正反馈推动并加速了大脑的发展。

大约200万年前，人类开始学会使用工具捕猎动物，这是脑进化的重要里程碑。因为肉类是人类重要的能量来源，更丰富的食物来源加速了大脑的进化。火的使用对于人类也具有举足轻重的作用。烹煮过的食物让人类能够更好地汲取营养，使人类的消化道变短，人类可以省下大量用以维持消化道工作的能量，这些能量可供大脑使用。

科学家们还通过构建数学模型发现，文化演变和基因演变会相互反馈和促进，这对于人类形成语言具有非常重要的意义。当原始人类开始使用语言进行交流时，一种基因突变强烈地提高了这种语言能力。例如，著名的FOXP2基因，使人类的基底神经节和小脑可以处理复杂的动作记忆，这是形成复杂语言的基础。

20万年前，人类的大脑最终进化成功。正是当时人类的食物、文化、技能、群体和基因等各种因素的共同作用，最终导致现代人类的大脑在 20 万年前进化成功。

然而，我们的脑容量在 20 万年前就不再增长。这可能是因为脑容量的增加会增加新生儿出生时的危险。另外，我们的大脑是一个耗能大户，它要消耗身体近 20% 的能量，如果再增加脑容量，人类可能无法负担大脑的能量需求。

1 万~1.5 万年前，人类的脑容量相比身体竟然缩小了 3%~4%。不过，脑容量并不代表智力的高低，我们大脑的进一步进化可能体现在对白质和灰质的充分利用和比例优化上。一些遗传学研究也支持这个观点，我们大脑的神经元排布和利用率要比古人高得多。

近 10 亿年的脑进化历程带给我们两个重要的信息。第一是生物的外形虽然多样，但大脑的进化一直保持了延续性。新一层脑组织覆盖在旧的大脑上，一层包裹着一层，从鱼的大脑，到爬行动物的大脑，再到哺乳动物的大脑，最后到人类的大脑。第二是大脑处理信息的能力在过去 10 亿年间呈单调递增的状态，知识和智能以大脑为载体实现了扩张。

"上帝"公式与智能的 7 个等级

无论在自然界还是人类社会，都存在智能和知识的分级现象。比如，蚂蚁、鱼、猴子和人类，虽然都属于生命系统，但其种群个体存在智能差异。人类的教育体系也存在分级，例如小学、中学、本科、硕士、博士。等级内部的成员可以通过同一方式进行考核以区分水平的高低，但不同等级间，需要在知识、能力、资历上有明显提升才能升级。

那么智能体到底存不存在等级划分呢？比如一台老式的洗衣机、

一台能访问互联网的服务器、一个能战胜人类世界冠军的谷歌围棋程序、发现万有引力的牛顿，他们之间有没有天然的智力鸿沟？这就是我们探索智能划分等级的原因。

　　我们在前文中提到，任何一个智能体或智能系统都符合标准智能模型，即同时具备知识的输入输出能力、知识的掌握能力和知识的创新能力。如果我们考虑互联网的因素，并将智能体的示意图抽象为外部的云端知识库，那么标准智能模型就会变成具有互联网特征的云标准智能模型，如图9.3所示。

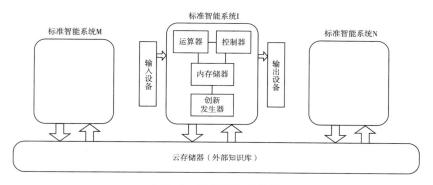

图9.3　云标准智能模型

　　回到智能系统的等级划分上，我们应如何区分智能系统因关键功能不同而产生的巨大差异呢？在云标准智能模型的启发下，我们可以给出的判断标准如下：

- 能不能和测试者（人类）进行信息交互，即有没有输入输出系统。
- 系统内部有没有能够存储信息和知识的知识库。
- 这个系统的知识库能不能不断地更新和增长。
- 这个系统的知识库能不能与其他标准智能系统进行知识共享。
- 这个系统除了从外部学习并更新自己的知识库外，能不能主动产生新的知识并分享给其他人工智能系统。

依照上述原则，我们可以把智能系统划分为 7 个智能等级。

智能系统的第 0 级系统，其基本特征是，在理论上存在，但在现实中并不存在。可以做一些组合范例，例如一个智能体可以进行信息输入，但不能进行信息输出；或者可以进行信息输出，但不能进行信息输入；或者可以创新创造，但知识库不能增长等。我们将其统一划归到智能系统的第 0 级系统，也可以叫智能系统的特异类系统。

智能系统的第 1 级系统，其基本特征是无法与人类测试者进行信息交互。在前文中我们提到，有一种被称为泛灵论的观点认为，天下万物皆有灵魂或自然精神，一棵树和一块石头与人类一样，具有同样的价值与权利。当然，这种观点从科学的角度看，只能算作猜想或哲学思考。从能不能和人类测试者进行信息交互的分级规则看，因为石头等物体不能与人类进行信息交互，也许它内部有知识库，能够创新，或者能够与其他石头进行信息交互，但对人类测试者来说，它是黑箱，不能让人了解。因此，不能与人类测试者进行信息交互的物体和系统可以定义为智能系统的第 1 级系统，包括石头、木棍、铁块以及水滴等。

智能系统的第 2 级系统，其基本特征是能够与人类测试者进行交互，存在控制器和存储器，即冯·诺伊曼架构描述的系统，很多家用电器如智能冰箱、智能电视、智能微波炉和智能扫地机都属于这个系统。这一系统里的智能体大多有一个特点，即虽然它们内部或多或少有控制程序的信息，但一旦出厂，就无法再更新它们的控制程序，不能进行升级，更不会自动地学习或产生新的知识。例如智能洗衣机，人们按什么键，洗衣机就启动什么功能。从购买到损坏，其功能都不会发生变化（故障除外）。这种系统能够与人类测试者和使用者进行信息交互，但它的控制程序或知识库从诞生之日起就不再发生变化。

智能系统的第 3 级系统，其基本特征是除具备第 2 级系统的特征外，其控制器、存储器中包含的程序或数据可不联网进行升级或扩充。例如家用电脑和手机是我们常用的智能设备，它们的操作系统往往可以定期升级。例如，电脑的操作系统可从 Windows 1.0 升级到 Windows 10.0，手机的操作系统可从安卓 1.0 升级到安卓 5.0，这些设备的内部应用程序也可以根据不同的需要不断更新升级。这样，家用电脑、手机等设备的功能会变得越来越强大，可以应对的场景也越来越多。除了家用电脑，很多家用电器、机器人也都开始留有接口，可以通过外接设备进行系统升级。这一类系统明显比第 2 级智能系统的适应性更强。我们把这一类可以进行系统和数据升级扩充的系统定义为智能系统的第 3 级系统。

智能系统的第 4 级系统，其基本特征除了包含第 3 级系统的特征外，最重要的是可以通过网络与其他智能系统共享信息和知识。前面章节提到的机器人地球项目，就是可以让机器人通过互联网分享知识。帮助机器人相互学习、共享知识，不仅能够降低成本，还会帮助机器人提高自学能力、适应能力，推动其更快、更大规模地普及。云机器人的这些能力提高了其对复杂环境的适应性。这类系统除了第 3 级系统的功能，还具有一个重要的功能，即信息可以通过云端进行共享，如谷歌大脑、百度大脑、机器人地球的云机器人、B/S（浏览器/服务器）架构的网站等。我们把这类系统定义为智能系统的第 4 级系统。

智能系统的第 5 级系统，其最基本的特征就是能够创新创造、识别和鉴定创新创造对人类的价值，以及将创新创造产生的成果应用在人类的发展过程中。我们在标准智能模型中，对原来的冯·诺伊曼架构增加了创新知识模块，就是试图把人纳入扩展的新智能系统中，人类可以看作大自然构建的特殊智能系统。与前5个等级不同，人类等生命体最大的特征就是可以不断地创新创造，如发现万有引力、发明元素周期表、撰写小说、创造音乐、作画等，然后通过文章、信件、电报以及互联网进行传播和分享。这种能力让人类占据了地球生态环境下智力的制高点。人类是第5级智能系统中最突出的范例。

智能系统的第6级系统，其基本特征就是当时间趋向于无穷点时，智能系统的知识输入输出能力、知识的掌握和运用能力将趋近于无穷大，从基督教对于"上帝"的定义——"全知全能"可以看出，智能系统在不断创新创造和不断积累知识的情况下，在足够的时间里以人类为代表的智能系统最终将达到"全知全能"的状态，无论是东方文化的"神"，还是西方文化中的"上帝"，从智能系统发展的角度看，均可以看作其在未来时间点的进化状态。由此，我们把输入输出能力，知识的掌握和运用能力将趋近于无穷大的智能系统定义为智能系统的第6级系统。

我们在前文中提到，根据标准智能模型，可以推导出任何智能系统 M 应具备四种能力：知识获取能力（信息接收能力）I，知识输出能力 O，知识掌握或存储能力 S，知识创造能力 C。

假设有一个智能体 M，知识获取能力、知识掌握或存储能力、知识输出能力都趋近于无穷大，那么这个智能体 M 就符合"上帝"的"全知全能"，它的智商也必将趋近于无穷大。我们可以用如下公式给"上帝"一个定义：

$$令 M = "上帝"$$

$$"上帝" \xrightarrow{f} Q_{"上帝"}，Q_{"上帝"} = f("上帝")$$

$$Q_{"上帝"} = f("上帝")$$

$$=f\ (I,\ O,\ S,\ C)$$
$$=a*f\ (I)\ +b*f\ (O)\ +c*f\ (S)\ +d*f\ (C)$$
$$a+b+c+d=100\%$$
$$f\ (I)\ \rightarrow\infty,\ f\ (O)\ \rightarrow\infty,\ f\ (S)\ \rightarrow\infty,\ f\ (C)\ \rightarrow0$$

按照定义，"上帝"是全知全能的，那么对于"上帝"而言，就不存在未知的领域，因此"上帝"不能创新。由此，"上帝"的f
$(C)\ =0$，这是一个非常奇特的结论。

智慧宇宙形成的 10 张示意图

互联网自 1969 年诞生以来，从 4 台联网的计算机发展到连接数十亿人类用户和数百亿智能设备的复杂巨系统。可以看出，当生物进化到人类这个程度后，人类通过互联网联合在一起共同进化。而这种共同进化的结果是，连接了人类的互联网，在结构上逐渐与大脑高度相似，在空间上随着人类的扩张不断蔓延，可以预见在足够的时间点后，宇宙、大脑和互联网三者将合为一体，进化成为智慧宇宙或宇宙大脑。

达尔文进化论的结论是向前推导的，即生物有共同的祖先，通过自然选择，人类这种物种出现了。互联网、脑科学、人工智能的进化是向后推导的，认为人通过自己创造的技术——互联网向着智慧宇宙或宇宙大脑的方向进化。人这个要素将互联网的进化和生物的进化连接起来。下面我们用 10 张图表现当人类进化到现代人之后，是如何依托科技进化到智慧宇宙的。

从人类的发展历史看，人类的进步就是其若干关键器官不断延长和连接的历史，如图 9.4 所示。

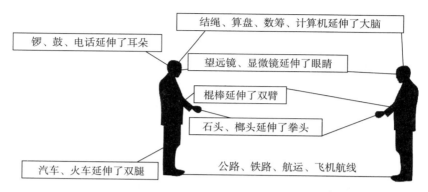

图9.4　人类器官延长示意图

从 1753 年 ACM 在《苏格兰人》（*Scotch*）杂志上阐述电流通信机开始，人类用 200 多年的时间为互联网的诞生做技术储备，如图 9.5 所示。

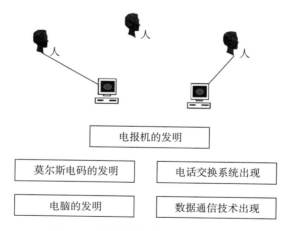

图9.5　互联网诞生前的技术准备工作

1969 年互联网诞生，作为美国军事计划的一部分，美国四所大学的计算机第一次实现联网，为人类科技在 21 世纪的爆发奠定了基础，如图 9.6 所示。

20 世纪 70 年代到 80 年代初，互联网大脑初具雏形，拥有电子公

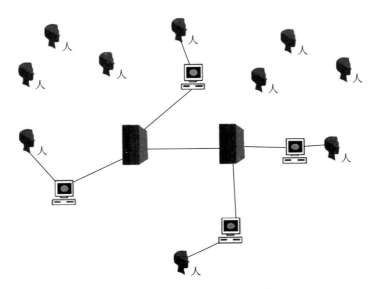

图9.6 互联网诞生时的结构示意图

告牌、电子邮箱、FTP、原始游戏和网络应用软件五大功能。

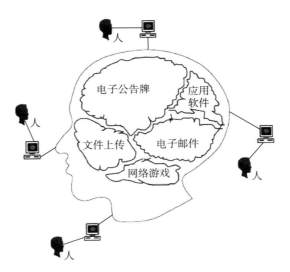

图9.7 互联网早期的五大功能

20 世纪 80 年代到 21 世纪初，电子公告牌成为后来诸多创新应用的母体，发布新闻、求购商品、网络日记、互动问答、热点点评、帖子修改权、注册信息、交换物品、资料索引等功能一个个分离出去，形成互联网大脑的功能区，如图 9.8 所示。

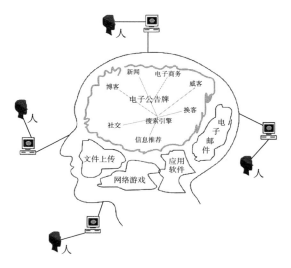

图 9.8　BBS 功能分裂示意图

21 世纪的前十年，电子公告牌及其分离的功能区开始和电子信箱、FTP、网络游戏、网络应用软件融合，如图 9.9 所示。

21 世纪的前 10 年，博客、QQ、脸书、微信、推特等互联网神经网络形态的应用逐步发展壮大，成为互联网大脑神经网络的基础，这部分应用逐步在互联网大脑中占据统治地位，如图 9.10 所示。

从 2007 年开始，随着智慧地球、物联网、工业互联网、工业 4.0、智能汽车、无人机、云机器人等技术的兴起，互联网大脑的感觉神经系统、运动神经系统也开始发育起来，如图 9.11 所示。

2015—2020 年，在互联网大脑各神经系统发育的基础上，世界

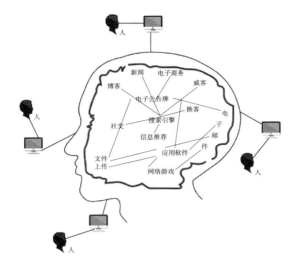

图 9.9　互联网功能融合示意图

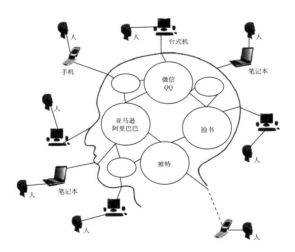

图 9.10　互联网神经元网络的产生

科技公司开始发展互联网类脑巨系统，不断推出类似于谷歌大脑、百度大脑、阿里 ET 大脑、腾讯超级大脑的企业级大脑系统。同时，云群体智能与云机器智能形成各自的中心并相互融合，于是互联网的左右大脑出现了，如图 9.12 所示。

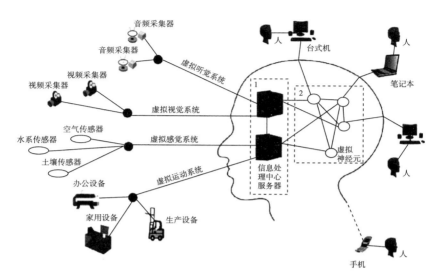

图 9.11　互联网感觉与运动神经发育示意图

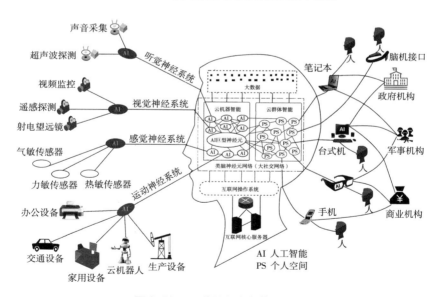

图 9.12　互联网大脑完整模型图

2020 年之后的数百年，以大社交网络为主体的人类与机器混合智能，和以云反射弧为代表的互联网大脑智能，将是互联网大脑成为一个超级智能体的基础。与此同时，互联网大脑的感觉神经系统、运动神经系统、神经末梢将伴随人类在太空的拓展而延伸。从地球到太阳系，从银河系到宇宙深处，在足够的时间之后，互联网、大脑和宇宙将最终合为一体，形成智慧宇宙或宇宙大脑（见图9.13）。

图 9.13　宇宙大脑或智慧宇宙形成示意图

全知全能：生命进化的方向和目标

人工智能先驱尼尔逊（Nielsen）教授曾经对智能下了这样一个定义："智能是关于知识的学科，是怎样表示知识以及怎样获得知识并使用知识的科学。"从前文的论述中可以看出，无论是脑的进化、互联网的进化，还是智能系统的智力等级划分，知识和智能的提升都是生物进化的核心。

恐龙生活在距今大约 2 亿 3 500 万年至 6 500 万年前，能以后肢支撑身体直立行走，恐龙支配全球陆地生态系统超过 1 亿 6 000 万年之久，但在 6 500 万年前白垩纪结束的时候，恐龙突然几乎全部消失。一种主流的观点认为，一颗珠穆朗玛峰大小的陨石撞击地球，引发特大火山爆发，进而导致恐龙大范围灭绝。① 恐龙进化出很多种类，包括体型巨大的地震龙，能在空中飞翔的翼龙，令所有恐龙恐惧的暴龙等。但在大脑发育和智力提升上，恐龙一直没有大的进展，没有创造出属于自己的科技文明，当危机来临时只能被动地接受大自然安排的命运。

另一个典型的案例是大熊猫。大熊猫的生存历史可谓源远流长，迄今所发现的最古老大熊猫成员——始熊猫的化石出土于中国云南禄丰和元谋两地，地质年代约为 800 万年前的中新世晚期。在长期严酷的生存竞争和自然选择中，和它们同时代的很多动物都已灭绝，但大熊猫却存活了下来，成为"活化石"保存到今天。

但是，在 21 世纪的今天，大熊猫同样面临着灭绝的危险，这次不是因为自然灾害，而是由于食物来源单一，只吃竹子，一旦竹子遭到破坏，其生存就会受到影响，同时大熊猫本身的繁殖能力降低，其生殖系统受到某些细菌的感染，雌性的产卵率降低，雄性的交配欲望降低。② 作为"活化石"的大熊猫虽然存活了至少 800 万年，但在智力发育和自身科技上一直处于非常低的水平，这样当遇到生存危机时，它同样无法利用智能和技术来解决。

与此同时，人类在近 200 万年里，在知识和智能上不断扩展，首先掌握了制造工具和使用火的技能，从此在自然界有了更强的竞争力。20 万年前，人类掌握了用语言进行交流的能力，由此知识和技能可以快速在种群内传播。英国牛津大学遗传学专家安东尼·玛纳克（Anthony Manak）教授领导的研究小组发现，对人类产生语言起决定

---

① 江年. 6 500 万年前恐龙灭绝的更古老原因 ［J］. 中国环境科学，2008.

② 胡锦矗. 大熊猫研究 ［M］. 上海：上海科技教育出版社，2001.

作用的"FOXP2 基因突变"发生在大约 12 万~20 万年前，与人口迅猛增加的时间相一致。①

大约 4 万~5 万年前，人类的进化出现了明显的加速，在形态上已非常像现代人，在文化上，已有雕刻与绘画艺术，并出现装饰物。通过雕刻和绘画，人类的知识第一次通过外界媒介进行保存和传播，这提高了人类种群知识库的容量和稳定性。这是之前任何生物都不具备的。这一进程在经历了造纸术、印刷术的发明后得到进一步加速。

50 年前，互联网的诞生让人类又一次经历了巨大的智能飞跃，这次革命不亚于 200 万年前人类第一次使用工具，也不亚于 20 万年前人类第一次开口交流。

互联网的发展让人类拥有了容量更为庞大，反应更为快速的外部知识库，同时互联网的类脑化发展，让众多前沿科技以更高的效率为人类进化提供保障与支撑，在互联网的帮助下，人类进一步确立了在自然界中的绝对统治地位。

从恐龙、熊猫、人类的例子可以看出，生物种群知识库的膨胀速度是生物进化的焦点，很多生物的知识库停滞，走向死胡同，在千万年里没有进一步的变化，往往在面临巨大自然灾害时，由于生存环境的变化而灭绝，或在地球的生命圈中处在越来越低的位置。而人类的种群知识库在过去 10 万年间发生了飞跃性的提升，由此人类在自然界中处于绝对统治地位。种群知识库发展曲线如图 9.14 所示。

从上面的案例可以看出，一个种群拥有的知识库容量和使用知识改造世界的能力，合称为这个种群的知识库，这将是判断生物进化方向和生物高低等级的基础（如图 9.4 所示）。我们可以从该种群拥有

---

① 董粤章，张韧. 语言生物机制研究的新视野：FOXP2 与人类语言能力［J］. 东北大学学报（社会科学版），2009.

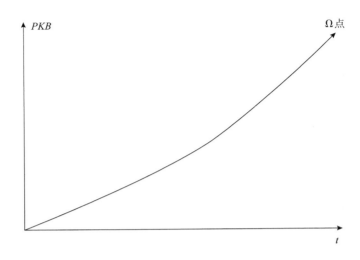

图 9.14　种群知识库发展曲线

的全部生物基因信息（*Gene*）、发现的自然界现象和运行规律（*Sci*）、掌握的改造自然的技术（*Tech*）三个方面考察种群知识库的发展，从而形成公式：

$$PKB(t) = Gene(t) + Sci(t) + Tech(t)$$

我们可以尝试用图 9.14 和上面这个公式对人类、恐龙、熊猫、鲨鱼、狗等生物的种群知识库进行研究，绘制近 200 万年来其种群知识库的变化过程。

由于缺乏人类和相关生物在远古时期的具体知识库和能力运用数据，我们用常识分析和假设估计的方法进行示范，表明人类的种群知识库是如何在进化中脱颖而出的，更为科学和可靠的数据研究留待未来进行。

首先看恐龙，恐龙是出现在中生代时期（三叠纪、侏罗纪和白垩纪）的一类爬行动物的统称，矫健的四肢、长长的尾巴和庞大的身躯是大多数恐龙的写照。在前文中，我们提到由于自然环境的突然变化，恐龙在 6 500 万年前白垩纪结束的时候突然全部消失，成为地球生物进化史上的一个谜。作为一个种群，无论是其生物基因信息，自然现象与规律认知，还是改造世界的技术能力全部随着恐龙种群的灭绝被清零（排除进化成鸟的恐龙，尚待证明），恐龙的种群知识库发展曲线如图 9.15 所示。

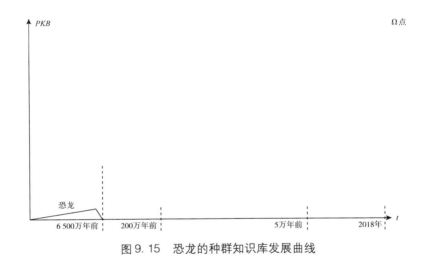

图 9.15　恐龙的种群知识库发展曲线

大约 450 万年前，人和猿开始分化，产生腊玛古猿，以后在由腊玛古猿演化成 200 万年前的南方古猿，进一步再发展为现代人类。大约 200 万年前，人类已经能够直立行走，制造简单的砾石工具。① 在这个时间点，人类和熊猫、鲨鱼、狗等生物的种群知识库差异应该不大。我们假定这时人类和熊猫、鲨鱼、狗的种群知识库都是 2 万，即 $PKB = 2$ 万。

在此后的 200 万年里，虽然人类基因信息与其他生物对比，差异并不是特别巨大，但在发现自然现象与运行规律、改造自然的技术两

---

① 杜文赞. 腊玛古猿人科归属与人猿分野之争［J］. 化石，1989.

个方面，差距越来越大。

20 万年前，人类已经可以熟练地使用火，制造复杂的工具，同时人类掌握了用语言进行交流的能力，由此知识和技能可以快速在种群内传播。我们假定此时 $PKB = 10$ 万。

5 万年前，人类最早的原始壁画开始出现，人类开始把知识和技能存放在种群之外的材料上，让人类群体更容易共享知识和经验。此时原始宗教已经产生，人类开始用更复杂的工具探索和改造世界，我们假定此时的 $PKB = 200$ 万。

数百年前，15 世纪末到 16 世纪初，大航海时代开启；18 世纪 60 年代，大工业革命爆发；20 世纪 60 年代，互联网革命启动，生物进化论、元素周期表、万有引力、相对论、基因、神经元、原子、电子、冥王星、海王星、汽车、火车、互联网、人工智能、云计算、机器人等出现。人类认识和改造世界的能力呈爆炸式提升。我们假定此时的 $PKB = 10$ 亿，由此形成如图 9.16 所示的人类种群知识库发展曲线。

狗是人类的朋友，某种意义上狗可以算作与人类关系最为紧密的一种生物，狗是由狼驯化而来的。早在狩猎采集时代，人们就已驯养狗为狩猎时的助手。没有人确切知道人与狼第一次互动发生在什么时候。有科学家认为可能是在 5 万年之前，因为至少需要这么久的时间，野狼才能演化出如今的基因差异。美国亚利桑那大学的研究人员分别从比利时和西伯利亚地区出土的两个距今至少 3.3 万年的狗头骨发现，狗早在远古时代就已经被人类驯服。①

在狗作为狼被驯服之前，与其他动物一样保持了自然进化的自由状态，在最近的数百万年里，其发现的自然现象和规律，掌握的改造

———————————

① 向阳. 狗的起源和进化 [J]. 百科知识，2006.

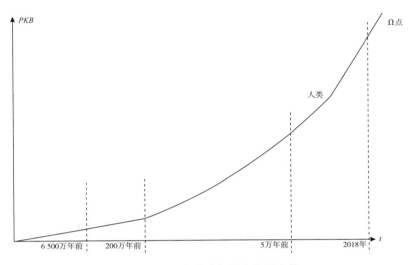

图 9.16 人类种群知识库发展曲线

世界的能力没有大的变化。但成为人类的助手后，狗的种群知识库也因人类的进化而发生重大变化，例如在大航海时代，狗也随着远航的船队到达世界各地，20 世纪 50 年代，太空时代来临，狗也成为探索太空的先驱者，1957 年 11 月 3 日，苏联成功发射了第二颗人造卫星"斯普特尼克 2 号"，在这颗卫星上搭载了一只叫莱卡的流浪狗，它成为第一只随人造卫星飞上太空的地球生物。[①] 从这些事实看，狗了解的新知识和新规律要领先于其他动物。我们假定在 5 万年前，狗的 $PKB = 5$ 万，在互联网时代的今天，狗的 $PKB = 20$ 万，形成的种群知识库发展曲线如图 9.17 所示。

　　鲨鱼早在恐龙出现之前的 3 亿年前就已经存在于地球上，至今已超过 5 亿年，[②] 在 1 亿年前，鲨鱼在世界范围内的海洋巡游，捕捉海

---

① 谦学. 载入航天史册的小狗［J］. 航空知识，1997.

② 黄隐. 鲨鱼的进化策略［J］. 大自然探索，2007.

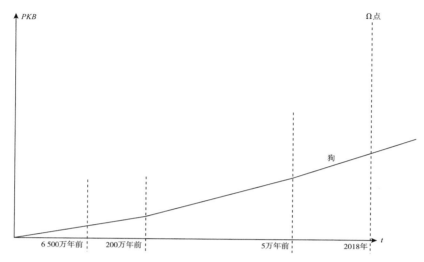

图 9.17　狗的种群知识库发展曲线

洋中的生物作为食物，作为海洋中的庞然大物，它们在近 1 亿年来几乎没有改变。鲨鱼没有登上陆地，没有飞向太空，没有机会观察到世界新的自然现象，也没有发现任何一条如同万有引力一样的科学规律。它们的工具在 1 亿年里除了血盆大嘴和游泳的鳍，再也没有产生新的技术或工具。因此，我们假定，鲨鱼在 5 万年前的 $PKB = 3$ 万，在 2018 年的 $PKB = 5$ 万，鲨鱼的种群知识库发展曲线如图 9.18 所示。

　　大熊猫属于食肉目、熊科，体色为黑白两色，有着圆圆的脸颊，大大的黑眼圈，胖嘟嘟的身体，以及标志性的内八字的行走方式，也有解剖刀般锋利的爪子，是世界上最可爱的动物之一。大熊猫已在地球上生存了至少 800 万年，被誉为"活化石"和"中国国宝"。

　　200 万到 50 万年间，大熊猫逐渐适应了亚热带竹林中的生活，体型开始逐渐增大，逐步达到种群的鼎盛时期。这时的大熊猫广泛分布于北京周口店到江南的广大地区，连越南、缅甸和泰国都发现过其

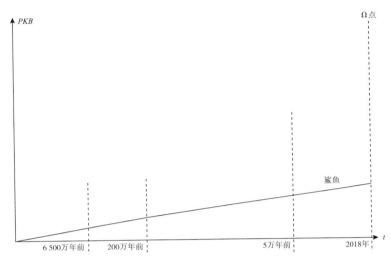

图 9.18 鲨鱼的种群知识库发展曲线

化石。然而在 5 万 ~ 2 万年前自然环境发生巨变，剑齿虎、剑齿象全部灭绝，大熊猫在北方从此绝迹，在南方的分布区也骤然缩小，进入历史的衰退期。到 21 世纪，熊猫的种群已经大幅度减少，数量已经低于 2 000 只。①

　　熊猫与鲨鱼一样，在过去的几百万年中，没有发现和记录自然规律，在创造改变世界的新技术方面也是一片空白，没有像狗一样，跟随人类的脚步，学习到很多知识，相反由于环境和基因的原因，其分布地域和种群数量大幅度减少，其种群知识库呈下降趋势，我们假定熊猫在 5 万年前的 $PKB = 1.5$ 万，到 2018 年，$PKB = 1$ 万，熊猫的种群知识库发展曲线如图 9.19 所示。

　　在激烈的竞争中，人类暂时取得了领先地位，如果未来人类没有像恐龙一样因为遇到重大灾害而灭绝，那么由于活动范围不断向

———————————

① 杨其嘉. 找到了使熊猫剧减的"元凶"［J］. 生命与灾害，2001.

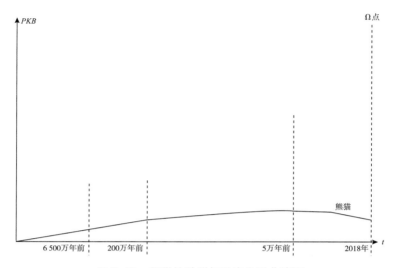

图9.19　熊猫的种群知识库发展曲线图

宇宙深处蔓延，人类掌握的知识随科技发展特别是互联网大脑的进化而扩展。当时间趋于无穷大时，在技术结构上依托互联网大脑形成智慧宇宙或宇宙大脑，在种群知识库上就实现了从0到无穷大的飞跃。

$$PKB（t）= \infty，t = \infty$$

我们把恐龙、人类、狗、鲨鱼、熊猫种群的知识库曲线放在一张图中，形成图9.20。

大脑、人工智能、互联网在21世纪的融合，形成一个前所未有的超级智能。这个超级智能的发展与进化，使生命共同体第一次有了一致和明确的进化方向。

无论是大脑近十亿年来的进化、人工智能的最新发展，还是互联网大脑的形成，无一不在提醒我们，种群的知识和智能是生命进化的核心，当一个种群的知识和智能趋近于无穷大时，生命进化的终极目标"全知全能"将产生。

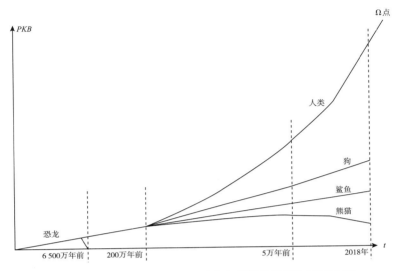

图 9.20　恐龙、人类、狗、鲨鱼和熊猫的种群知识库曲线

法国著名进化论哲学家德日进于 20 世纪上半叶在《人的现象》（*The Phenomenon of Man*）一书中提出，人类进化的终极状态是"全知全能"。当人类或其他种群的知识库到达"全知全能"时，德日进的预言就实现了。

生存还是死亡，判断人类和人工智能伦理的标准

扳道工面临选择让自己的儿子存活，还是让一火车的人存活的问题；泰坦尼克号面临是女人、儿童先登船，还是所有人一律平等地获得生存机会的问题；电影《2012》中总统面临的是自己登上诺亚方舟还是让科学家登上诺亚方舟，从而获得安全保护的问题；波士顿动力面临的是让科学家把机器人当作工具来进行实验，还是尊重它的生命权的问题，这些选择背后都涉及人类社会伦理。

人类社会伦理是指在处理人与人、人与社会相互关系时应遵

循的道理和准则，是从概念角度上对道德现象的哲学思考。它不仅包含对人与人、人与社会和人与自然之间的关系进行处理的行为规范，而且也深刻地蕴涵着依照一定原则来规范行为的深刻道理。①

由于伦理的设定往往与文化、宗教、地域、价值观、世界观有关，在人类数千年的文明史中，至今我们也没有一个统一的、标准的、明确的伦理体系，仅有一些大部分人承认的大体的原则。新时代关于机器人和人工智能的伦理冲击，因为这个领域的不完善而使争议变得更为突出。

从上面的讨论看，知识和智能的提升是生物进化的核心，可以用种群知识库变化判断生物进化的方向和生物的高低等级。当时间趋于无穷大时，种群知识库将实现"全知全能"，从而到达"上帝"之点。

这说明生物的进化存在方向和终点。由此，我们可以得出判断标准，在生命进化的过程中，那些促进和保护种群知识库发展的行为，是正面的伦理标准；那些阻碍和危害种群知识库发展的行为，是负面的伦理行为，如图9.21所示。

依照这个标准，我们可以从生物进化方向的角度对人类、机器或人工智能伦理涉及的问题进行判断和回答。

在"扳道工"难题中，无法判断一个小孩或者一火车人哪一边对人类未来的知识和智慧贡献大。在没有第三种选择和无法判断的情况下，选择让较多的人存活下去，应为无奈之举。

泰坦尼克号出现的紧急逃生问题，在无法判断乘客身份的紧急情况下，选择优先逃生的为妇女和儿童，主要是因为她们更能代表了人

①　韩东屏. 伦理学的使命与意义［J］. 武汉科技大学学报：社会科学版，2012.

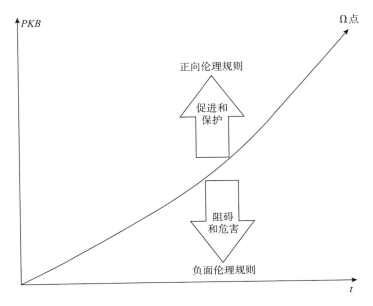

图 9.21　通过种群知识库判断伦理规则

类繁衍的继续和人类发展的未来。

　　在电影《2012》中，总统选择让科学家乘坐飞机到达安全之地，并表达"一个科学家比几十位官员更重要"，除了总统对国家的忠诚之外，也是基于科学家对人类未来知识的创新更重要的判断。

　　对于波士顿动力机器人在进行科学实验时，因受到测试科学家的攻击，站立不稳而摔倒的问题，并不涉及对生命的虐待，因为从标准智能模型的构造和生命进化的本质看，机器人和人工智能系统还不能被看作与人类同权的生命体，甚至根本就不在生命的范围内。这主要是因为，机器人目前既没有自动进化的动力，也没有判断是否正确进化的能力，机器人或 AI 分担了人类的部分知识和智能，但在创造性和评审创造性价值方面无法替代人类。更为重要的是，AI 无法确定自己的进化方向和进化目标，也没有正确进化的自然动力，它的进化动力来源于人类，因此机器人和人工智能依然是辅助人类进化的工具。

应该着重指出的是，在非紧急情况下对个体利益应进行特别保护，不能因群体利益侵占个体利益，发挥个人探索的能动性对种群知识库的提升是非常重要的方式。

这一点首先在基础科学的探索中体现得特别明显。纵观科学发展史，哥白尼、牛顿、门捷列夫、爱因斯坦等科学巨匠，主要是靠个人探索时的"灵光闪现"做出伟大贡献的，靠的是自由的探索，而非有组织有目的的规划。

基础科研的重要使命是探索隐藏在"黑暗"中的自然规律，因此基础科研的最大特征是不确定性，研究方向和研究路径充满变数。失之毫厘，谬以千里，很多人倒在临门一脚的地方，成功是小概率事件，"有心栽花花不开，无心插柳柳成荫"是基础科研中的常态。①

用集体的目标导向进行规划，由团队负责人制订"顶层设计"方案，然后发布指南，以重大专项、重大研究计划、重大项目等方式组织大"作战"团队，在这种情况下，从历史的结果看，得到的重大科学成果往往非常少。

科技发展是人类种群知识库扩大最重要的途径之一，除此之外，人类社会的各种工业生产、农业劳动、商业活动、行政管理，都涉及如何处理集体管理与个体自由关系的问题。虽然在不同领域，集体管理与个体自由所占的比例不同。但无论在任何时候、任何领域，发挥个体自由的能动性，都是激发人类种群知识库活力的重要途径。

---

① 秦四清. 基础科研宜强调科学家个人的自由探索 [EB/OL]. http：//blog. sciencenet. cn/blog－575926－1104510. html，2018.

互联网大脑进化简史

20 万年前，人类开始逐步通过语言进行交流，在地球上，人类是唯一可以用复杂语言进行交流的生物。人类会说话使知识的传播成为可能，对人类文明的形成和发展具有重要而深远的影响。20 世纪 90 年代末，英国牛津大学安东尼·玛纳克教授领导的一个研究小组发现了对人类产生语言起决定作用的"FOXP2 基因突变"，发生时间大约在 12 万 ~ 20 万年前，恰恰与现代人人口迅猛增加的时间相一致。

6.4 万年前，全球最古老的洞穴艺术开始出现，2018 年 2 月，《科学》杂志发表论文提出：全球已知最古老的洞穴艺术，是史前人类尼安德塔人于现代人抵达欧洲前 2 万多年所创作。这表明这种已经绝种的古代人种具有象征性思维。洞穴艺术的产生表明人类的知识可以被保留在生物种群之外，被更为广泛地传播。

5 200 年前，世界上最早的文字据记载是苏美尔的楔形文字，世界上最早的纸是埃及的纸莎草纸，而欧洲中世纪则普遍使用羊皮纸，这两种纸原料单一，改进余地有限。东汉和帝元兴元年（公元105年），蔡伦在总结前人制造丝织经验的基础上，用树皮、破渔网、破布、麻头等为原料，制造出了适合书写的植物纤维纸，纸从而成为人们普遍使用的书写材料。纸的出现使人类的知识可以更大规模地被记录和传播。

1679年，莱布尼茨发明了一种计算方法，用两位数的二进制代替原来的十位数，用0和1两个数码来表示任何数字。它的基数为2，进位规则是"逢二进一"，借位规则是"借一当二"，二进制的重要性在于，它为20世纪诞生的计算机和互联网提供了运行、存储、通信的信息表达基础。

1877年，德国著名的地理学家和技术哲学家恩斯特·卡普出版了《技术哲学纲要》一书，首次使用了"技术哲学"一词，因此卡恩被称为技术哲学的创始人。他在该书中提出了著名的"器官投影"学说，即人类在制造工具时会不自觉地模仿人类的某个器官。

1850—1862年，意大利人安东尼奥·梅乌奇（Antonio Meucci）制作了几种不同形式的声音传送仪器，称作"远距离传话筒"。1874年，梅乌奇寄了几个"远距离传话筒"给美国西联电报公司，希望能将这项发明卖给他们。但是，他并没有得到答复。1876年，贝尔通过电线传输声音的设想意外得到了专利认证。1876年3月10日，贝尔的电话宣告了人类历史新时代的到来。电话的发明为后来互联网的诞生奠定了线路基础。

1946年2月15日，世界上第一台电子数字式计算机埃尼阿克，在美国宾夕法尼亚大学正式投入运行，它使用了17 468个真空电子管，每秒钟可进行5 000次加法运算。1941年，美国科学家阿塔纳索夫在美国艾奥瓦大学发明了阿塔纳索夫－贝瑞（ABC）计算机，作为一种原型为埃尼阿克提供了参考。计算机的发明为互联网填上了最后一块拼图。

1964 年，美国传媒学家麦克卢汉出版了《理解媒介：论人的延伸》。在该书中，作者首创了现代社会习以为常的术语"媒介"。麦克卢汉提出，从人类的发展史看，人类进步就是一部其感觉和运动器官不断延长的历史。他为此举例，如果说轮子是脚的延伸，工具是手、腰背、臂膀的延伸，那么电磁技术就是神经系统的延伸。从理论来源上说，麦克卢汉的媒介延伸论与器官映射是一脉相承的。

1969 年，美国国防部高级研究计划管理局开始建立一个命名为阿帕网的网络，1969 年 11 月 21 日，科学家和军事专家们汇集在加州大学洛杉矶分校，观看一台计算机，与数百千米外的斯坦福大学的另一台计算机进行数据传输试验，结果获得成功。同年年底，又成功地将四个结点联网，这就是互联网的起点。

1974 年，美国科学家文顿·瑟夫和罗伯特·卡恩共同开发的互联网核心技术——TCP/IP 协议正式出台。这个协议为每一台运行在互联网上的设备制定了访问地址，同时为不同的计算机，甚至不同类型的网络间传送信息包制定了统一的标准。所有连接在网络上的计算机，只要各自遵照这两个协议，就能够进行通信和交互。

1983 年，英国哲学家彼得·罗素撰写了《地球脑的觉醒：进化的下一次飞跃》，对麦克卢汉的观点做了进一步延伸。他提出，人类社会通过政治、文化、技术等各种联系使地球成为一个类人脑的组织结构，也就是地球脑或全球脑。

1990 年，科学院院士钱学森提出开放的复杂巨系统理论，他对开放复杂巨系统的定义是：系统本身与系统周围的环境有物质的交换、能量的交换和信息的交换。因为有这些交换，所以是开放的。系统所包含的子系统很多，成千上万，甚至上亿万，所以是巨系统。子系统的种类繁多，有几十、上百，甚至几百种，所以是复杂的。

1991 年年末，伯纳斯·李把欧洲核物理实验室的服务器与成长中的互联网连接起来，并张贴信息公布网络程序，告知人们如何访问和使用这个新网络。万维网就诞生了，万维网的两大特征分别是超文本传输协议和 B/S 架构。

2004 年，扎克伯格建立了社交网站脸书，这一年，腾讯的社交网络产品 QQ 已经诞生 5 年，在 10 年后它们都发展成为用户超过 10 亿的科技巨头，为之后互联网大脑的类脑神经元网络发育奠定了基础。

2006 年 3 月，亚马逊推出弹性计算云服务。2006 年 8 月 9 日，谷歌首席执行官埃里克·施密特在搜索引擎大会上首次提出"云计算"的概念，云计算是互联网大脑中枢神经系统的另一种概念表述。

2007 年 6 月，笔者等人在吕本富教授组织的学术研讨会上提出互联网形成类脑架构的问题，2008 年 9 月，笔者与彭赓、刘颖发表论文《互联网进化规律的发现与分析》，提出互联网大脑的模型与定义，2010 年发表论文《互联网与神经学的交叉对比研究》，提出互联网对脑科学产生重大启发作用的观点。2012 年出版《互联网进化论》，详细阐述大社交网络和云反射的形成，促进人类群体智能与机器智能结合产生新的智能。2015 年将互联网大脑模型与智慧城市建设结合起来，提出了城市大脑的概念和定义。

2008 年，以苹果智能手机、3G 蜂窝技术为代表的通信技术快速发展，互联网神经纤维的发育进入快车道，此后，包括光纤技术、卫星通信、4G、5G 以及物联网通信技术 LoRa、NB-IoT 不断涌现，促进了互联网神经纤维的发育。

2009 年，伴随 IBM 智慧地球在世界范围的推广，物联网成为科技领域的新热点。到 2017 年，全球传感器安装数量高达 285 亿个，到 2020 年，全球物联网安装设备预估会增加到 500 亿个。2009 年开始迅猛发展的物联网，为互联网大脑躯体感觉神经系统的发育奠定了坚实的基础。

2010 年，美国南加州大学神经系统科学家拉里·斯旺森和理查德·汤普森发现，老鼠大脑中有类似互联网的路由机制，大脑中好像也存在思科和华为这样的路由器公司，这对大脑神经系统为分等级结构的传统理论提出了挑战。

2012 年，在工业领域，通用电气提出了"工业互联网"的概念，德国政府于 2013 年推出工业 4.0 战略，由此智能驾驶、云机器人、智能制造、3D 打印、无人机迅猛发展，推动了互联网大脑运动神经系统的爆发。运动神经可以帮助智能体对物理世界进行影响和改造，因此互联网对世界的影响更强烈和深远，涉及的安全问题也更严重。

2013 年，伴随着社交网络、物联网、工业互联网、工业 4.0 等互联网大脑神经系统的发育，产生的数据量越来越大。据监测，2017 年全球互联网数据总量为 21.6 ZB，目前全球数据的增长速度为每年 40% 左右。大数据是互联网在过去 50 年运转过程中积累下来的财富，并且随着不断交互而产生新数据。大数据为人工智能技术的介入奠定了基础，这一年被产业界称为"大数据元年"。

2014 年，笔者和石勇教授提出互联网大脑的智商问题，通过对这个问题的研究，形成了标准智能模型，能够对包括互联网大脑、人类、人工智能系统在内的智能体进行智商评测，通过对谷歌、百度、Siri 等 50 个人工智能体与 6 岁、12 岁、18 岁人群进行对比测试，形成 2014 年版和 2016 年版人类与机器通用智商排名。该成果受到美国 CBNC、麻省科技评论等世界主流媒体报道。

2015 年，随着互联网大脑各神经系统的发育成熟，特别是大数据的不断增长和涌现，人工智能逐渐成为科技领域最热门的概念。人工智能与互联网的结合使沉默近 20 年的人工智能技术终于迎来新的春天：与听觉系统结合产生科大讯飞、云知声，与视觉系统结合产生商汤科技、云从科技，与运动系统结合产生智能汽车、智能制造、与传感器终端结合产生边缘计算，驱动各神经系统联合运转形成云反射弧。

2018 年，当互联网大脑各神经系统发育成熟后，互联网的巨头公司不断将自己的核心业务与互联网的类脑架构结合，这样就爆发式地产生了阿里 ET 大脑、腾讯超级大脑、滴滴交通大脑、360 安全大脑、华为 EI 智能体，包括之前诞生的谷歌大脑、百度大脑、讯飞超脑，几乎所有的互联网巨头公司都推出了大脑系统。互联网大脑不断与智慧城市建设、行业产业结合，城市大脑、工业大脑、农业大脑、航空大脑因此不断涌现。

2019 年后的 100 年中，互联网大脑在类脑神经元网络、云群体智能、云机器智能、云反射弧等方面不断发展，并与人类社会进一步融合。同时，人类社会在行业、产业、国家间的壁垒进一步被打破。这样人类社会迈向智慧社会的步伐越来越快。随着人类科技的进步，互联网在结构上进一步向着与大脑高度相似的方向进化，云群体智能与机器云智能深度融合，一个超级智能体就此不断发育。互联网的触角随着人类向宇宙深处的探索而不断延伸，在无穷时间点后，互联网将联合人类智能与机器智能形成智慧宇宙或宇宙大脑。

互联网大脑模型的起源

2004 年，以脸书、QQ 为代表的社交网络开始兴起，通过社交网络的个人空间，人们可以相互沟通，相互关注，互加好友。2006 年笔者团队发现，在通过互联网实现知识价值化的威客模式中，提问者和回答者之间同样也会形成知识和智能交易的社交网络。当笔者团队在草稿纸上把这个社交网络绘制出来时，意外地发现社交的构造与神经网络非常类似，同样存在类似神经元、神经纤维和神经网络的结构，这个发现为未来提出类脑神经元网络（大社交）奠定了重要基础。个人空间与神经元如图 A.1 所示。

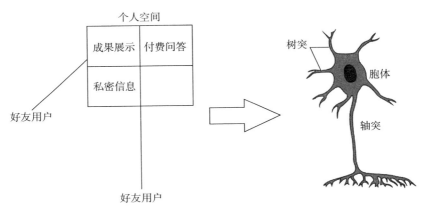

图 A.1　个人空间与神经元

2007 年 2 月，笔者团队参与中国水利部防汛抗旱指挥部相关项目的专家咨询。这个项目提出在中国的水域安放湿度、风速、温度等传感器，信号通过有线和无线线路传递到北京的服务器中，经过处理形成定时报告供国家决策部门使用。这个项目比 2009 年兴起的物联网热潮早了 2 年，它使笔者团队注意到互联网也存在类似躯体感觉神经系统的特征。

第三个关键启发点发生在 2007 年 6 月，笔者团队对科学院大学学生的旅游视频创业项目进行讨论，这个项目提出在黄山、大理、九寨沟等景区安放摄像头，把景区的实时景象传递到旅行社大厅的大屏幕上，让游客可以远程感受景区的风景，并决定选择哪一条旅游路线。该项目后来因为技术、经费的问题没有成功，但是很有创意。同一年，谷歌的街景系统开始推出，在世界范围内安放摄像头和视频摄像汽车，让互联网用户可以实时观看世界各地的景色，这些项目使笔者团队进一步意识到互联网同样具备视觉神经系统的特征。

2007 年上半年，笔者团队一直感觉对于互联网的认识应该有新的突破，但这种突破究竟是什么，总是感觉隔着一层窗户纸。在受到多次互联网领域类脑现象的启发后，2007 年 7 月，笔者团队终于意识到，互联网的完整架构和未来方向很可能与大脑的架构有关。也就是说，互联网将会从诞生之初的网状结构发展成为类脑结构。如果这个结论成立，将对预测互联网的未来发展，以及由此延伸的科技、社会、哲学、经济问题产生重要影响。

2007 年 7 月末，在中国科学院大学经济管理学院的一次内部学术研讨会上，笔者团队向科学院师生阐述了互联网种种类脑现象，并提出互联网的未来会不会与大脑有关的问题。与会的师生进行了热烈的讨论。吕本富教授当时给予的评价是：这是一个很有趣也很有意义的思路，但如何从构思变成科学研究还需要大量的工作。而石勇教授的评论是：可能需要数十名博士深入研究才有可能接触这个方向的细节。

虽然笔者团队于 2008 年 1 月开始发表互联网大脑模型的相关文章，受到了业内关注，但在学术论文的投稿中依然经历了多次失败。直到 2008 年 9 月，笔者和科学院大学的彭赓、刘颖等教授正式发表《互联网的进化趋势与规律》一文。在这篇论文中，我们第一次绘制了互联网大脑模型的架构图，并提出了互联网的新定义，提出人的智能和机器智能都应该成为互联网大脑的组成部分。

在此后的 10 年里，笔者和石勇、彭赓、刘颖教授等形成研究团队，在 SCI（科学引文索引）、EI（工程索引）、ISTP（科学会议录索引）及中国核心期刊在内的学术期刊发表相关论文近 20 篇，并出版《互联网进化论》一书，逐步形成了完整的互联网大脑模型和定义。

2008—2018 年 5 个版本的互联网大脑模型

从 2008 年产生第一版互联网大脑模型，到 2018 年 8 月形成第五版互联网大脑模型，这 5 个版本模型的变迁，反映了笔者团队对互联网形成大脑模型的理解过程，也说明对一个新领域的探索是一个不断观察、思考、提炼，再反思、再修改的过程。

第一版互联网大脑模型图绘制于 2008 年 1 月 3 日，发表在科学院与自然科学基金会创办的科学网上，这个版本的模型图第一次体现了互联网的类脑属性，将人这个要素作为互联网的一部分，突出了互联网类脑神经元的网络结构，以及类脑神经元与人类大脑功能映射的关系。它的缺陷在于还没有把传感器和联网的机器人等形成的神经系统表现出来。具体如图 A.2 所示。

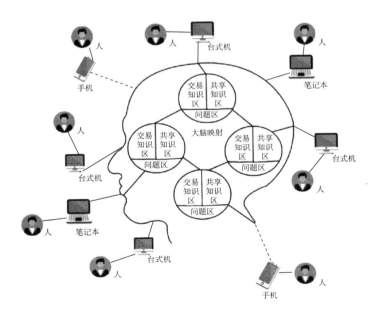

图 A.2　第一版互联网大脑模型

第二版互联网大脑模型图绘制于 2008 年 9 月，是在论文《互联网进化趋势与规律》中发表的，这个版本的主要特点是增加了互联网听觉、视觉、躯体感觉、运动神经系统，将音频采集、视频采集、各类传感器、联网的设备也变成互联网的组成部分，与互联网用户形成的神经元网络共同连接到核心服务器中。这个版本的缺陷是，没有将各神经系统连接的设备与人类用户形成完整的类脑神经元网络。具体如图 A.3 所示。

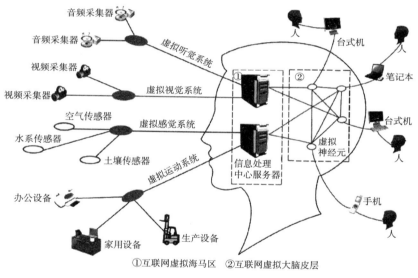

①互联网虚拟海马区　②互联网虚拟大脑皮层

图 A.3　第二版互联网大脑模型图

第三版互联网大脑模型图绘制于 2010 年 10 月，作为论文《互联网与神经学的交叉对比研究》的一部分，发表在《复杂系统与复杂网络》期刊，这个版本主要突出互联网中枢神经系统中涉及的若干要素，包括互联网核心硬件层、互联网操作系统层、互联网类脑神经元网络应用层、互联网数据海洋（信息层），虽然这个版本已经提出互联网连接的人类用户和连接的传感器、智能设备、机器人可以形成一个能进行"人与人、人与物、物与物交互"的大社交网络，但主要缺陷是依然没有把物和人在图形中连接到共同的类脑神经元网络中，而且在这个版本没有突出人工智能的地位和作用。具体如图 A.4 所示。

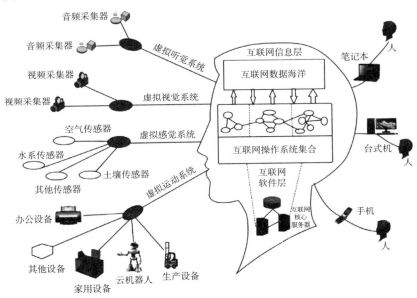

图 A.4　第三版互联网大脑模型图

第四版互联网大脑模型图绘制于 2017 年 5 月，发表在科学院与自然科学基金会创办的科学网上，这个版本主要解决了物（传感器、视频、音频、机器人、智能设备）与人如何形成统一的互联网类脑神经元网络的问题，另一个重要的进展是将人工智能的作用标注在互联网大脑模型图中。存在的问题是，没有对控制智能设备的云端机器智能与云群体智能进行有效区分。具体如图 A.5 所示。

第五版互联网大脑模型图绘制于 2018 年 8 月，首次发表在科学网上，这一版第一次将类脑神经元网络拆分为云机器智能和云群体智能两个子网络，在这个模型中，云机器智能与云群体智能有着非常多

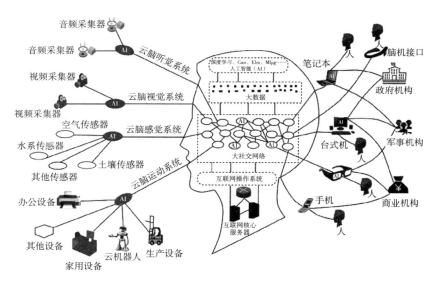

图 A.5　第四版联网大脑模型图

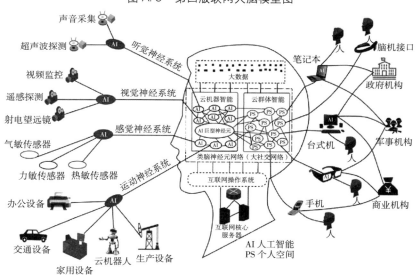

图 A.6　第五版互联网大脑模型图

的连线，代表超级智能将在它们的相互关联下形成。这一版也在互联
网听觉神经系统中增加了超声波探测，在视觉神经系统中增加了遥感

探测和射电望远镜，将躯体感觉神经系统连接的传感器改为气敏传感器、热敏传感器和力敏传感器。具体如图 A.6 所示。

献给人类进化未来与终点的诗

这是 2012 年出版的《互联网进化论》一书中最后的一段文字，也许不能算是诗，是笔者在写作过程中，形成的对人类未来进化与终点的感叹和思考，也再次放在这本书的最后，献给坚持读到这里的读者，以示感谢。

万里长城今犹在，不见当年秦始皇
东方的文学里
表达这种无奈观点的作品
似乎不在少数

生命，不知道自己存在的意义
一定会有这样的感慨
不知道雄狮站在山岗眺望大草原的时候
是否有同样的疑问

生命存在的意义在哪里
要么根本不存在
要么存在，但还未被生命自省
互联网进化的研究
让我越来越相信
生命的进化有方向

生命存在有其意义，但还未被我们所知

如同石头缝里的萌芽

尽力地向上生长，直到突破地平线

还没自我觉醒的至少有

生命的进化何时能触碰到那个神秘的地平线

让我们努力生长的自然动力是什么

我们都会死亡

但我们属于的这个生命共同体，却会存在下去

在艰难险阻、烈火洪水、狂风暴雨中存在下去

几乎会有99%的概率灭绝

而活着的我们存在的意义是

为那1%的概率努力

让未来的生命终有一天能自省终极目标

让未来的生命能进化到地平线之上

延续的生命，不断增长的知和能

当这个生命共同体成功进化到终点时，它将全知全能

全知全能后呢？已经超出了我的思考

唯一还能坚信的是，好好地活着，相信人类还有未来……